移动终端应用创意与程序设计

柳贡慧　黄先开　主　编

鲍　泓　杨　鹏　黄心渊　副主编

电子工业出版社

Publishing House of Electronics Industry

北京·BEIJING

内 容 简 介

本书是对 2011 年"移动终端应用创意与程序设计"大赛的总结,包括六部分内容:大赛概况、组委会及专家评委名单、评审及获奖情况、优秀作品案例精选、经验交流和基于云计算的大赛技术支撑平台。优秀作品案例精选部分收录了 32 个本次大赛获得一、二等奖的优秀作品。作品结合移动终端的特点,立意新颖,充满时尚感,展现出当代大学生的创意思维与创新设计能力,并具有一定的实际应用价值。

本书可作为参赛院校师生的指导用书和参考资料,也可作为移动终端应用设计开发者学习和实践的参考用书。

图书在版编目(CIP)数据

移动终端应用创意与程序设计/柳贡慧,黄先开主编. —北京:电子工业出版社,2012.5

ISBN 978-7-121-16916-8

Ⅰ. ①移… Ⅱ. ①柳… ②黄… Ⅲ. ①移动终端-应用程序-程序设计 Ⅳ. ①TN929.53

中国版本图书馆 CIP 数据核字(2012)第 082602 号

责任编辑:许存权　　特约编辑:王　燕　刘丽丽
印　　刷:北京天宇星印刷厂
装　　订:三河市鹏成印业有限公司
出版发行:电子工业出版社
　　　　　北京市海淀区万寿路 173 信箱　邮编 100036
开　　本:787×980　1/16　印张:11.5　字数:220 千字
印　　次:2012 年 5 月第 1 次印刷
定　　价:46.00 元

凡所购买电子工业出版社图书有缺损问题,请向购买书店调换。若书店售缺,请与本社发行部联系,联系及邮购电话:(010) 88254888。

质量投诉请发邮件至 zlts@phei.com.cn,盗版侵权举报请发邮件至 dbqq@phei.com.cn。

服务热线:(010) 88258888。

编　委　会

前　言

北京市大学生计算机应用大赛（以下简称"大赛"）是由北京市教育委员会主办的、面向北京市高校大学生的学科竞赛之一。大赛自 2010 年创办以来，已成功举办两届。2011 年的大赛将参赛范围扩大到港澳台地区高校，大赛主题为"移动终端应用创意与程序设计"。

大赛本着"政府主办，专家主导，学生主体，社会参与"的基本原则，目的是促进学生将理论知识与实践相结合，应用新技术和方法，完成具有实际应用意义的创意设计，并予以实现；提高学生的策划、设计、实现、协调组织和解决问题的能力；培养、锻炼大学生创新意识、创意思维与设计和创业能力，更好地培养和发现符合经济社会发展需求的优秀人才；促进京港澳台高校的交流与学习；促进相关专业和课程的教育教学改革。

本届大赛由北京联合大学和北京高教学会计算机教育研究会共同承办，中国联通北京市分公司冠名赞助，悦成移动互联网孵化基地和北京百迅龙科技有限公司协办。北京市教委高教处给予积极指导和经费支持。北京大学、清华大学、中国人民大学、北京航空航天大学、北京邮电大学、台湾中原大学等 20 余所高校和行业知名企业的专家设计评审指标，参与评审，使得大赛在公平、公开、公正的原则下顺利进行，并得到市教委领导高度评价和参赛学校的一致好评。

本届大赛的主题和开发平台紧密结合计算机领域的最新技术，为学生的创新思维、创意设计提供了展示的舞台，也为学生创业开辟了新途径。大赛开发的基于云计算的技术支撑平台，成为云计算技术应用于教育服务领域的成功范例，竞赛期间有 99 个参赛作品都部署在云端，超过 400 次按需自主申请虚拟资源。

本届大赛共有 33 所高校（包括台湾 6 所，香港 1 所，澳门 1 所）的 123 个队报名，99 队成功提交作品，其中，本科 86 队（含台湾 7 队），高职 13 队。经过初赛评审和决赛答辩，共评出本科组一等奖 9 个、二等奖 18 个、三等奖 24 个；高职组一等奖 1 个、二等奖 4 个、三等奖 3 个。

为了进一步推动大学生的创新、创意、创业教育，更好地总结大赛经验，编者精选了部分获奖作品编纂成本书，全面展示本届大赛的成果，对扩大赛事的影响，提高参赛作品的质量，促进赛事的更快发展，拓展大学生的视野，增强创新意识和创新能力，将起到积极的作用。对今后师生参加移动终端应用设计的学习和开发实践提供参考。在此，对专家们的辛勤工作和严谨求实的工作态度表示衷心感谢！

鉴于编者水平有限，对于书中存在的问题，敬请广大读者批评指正。

编委会

■目 录
CONTENTS

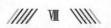

第一部分　大赛概况

"北京联通杯" 2011 年北京市大学生计算机应用大赛

暨京港澳台大学生计算机应用大赛方案

"北京联通杯" 2011 年北京市大学生计算机应用大赛暨京港澳台大学生计算机应用大赛（具体组织参照北京市大学生计算机应用大赛章程执行）由北京联合大学和北京市高等教育学会计算机教育研究会共同承办，并由信息产业著名企业协办，竞赛方案如下。

一、大赛目的

举办 "北京市大学生计算机应用大赛——移动终端应用创意与程序设计" 的目的是，促进学生将理论知识与实践相结合，应用新技术和方法，完成具有实际应用意义的创意设计，并予以实现；提高学生的策划、设计、实现、协调组织和解决问题的能力；培养、锻炼大学生创新意识、创意思维与设计和创业能力，更好地培养和发现符合经济社会发展需求的优秀人才；促进相关专业和课程的教育教学改革。

二、大赛主题与内容

（一）主题

2011 年计算机应用大赛的主题是 "移动终端应用创意与程序设计"。移动终端指智能手机、平板电脑等移动设备。参赛者根据大赛组委会制定的规范，确定创意设计的主题，针对移动设

 1

备的技术特点，围绕移动应用的开发，展开研究和设计，编制创意设计方案，完成设计与开发。

（二）参赛资格

大赛采取团队比赛方式，每队由 3～5 名学生组成，每校本科、高职各限报 10 个队。请参赛学校于 6 月 15 日前在大赛网站上填报本校信息。

参赛学生应为在京高校及港澳台高校，2011 年 7 月 31 日前具有正式学籍的本科、高职高专学生（由学生所在学校审核其参赛资格）。大赛设立本科组和高职高专组。参赛学生自由组队，鼓励学生跨专业组队，于 6 月 27 日至 7 月 6 日内，以参赛队为单位在大赛网站上填报本队及作品信息，并将报名表经教务处签章后统一报送大赛组委会秘书处。

（三）设计平台

本次大赛要求作品的运行平台为指定移动终端操作系统平台，即作品软件应该能够在如下 6 种平台的模拟器或移动终端上运行。

开发平台及版本要求：

1. Android 2.1 及以上版本；
2. 苹果 iOS 4.0 及以上版本；
3. Windows Mobile 6.5 版本；
4. MTK VRE2.0 及以上版本；
5. J2ME MIDP2.0、CLDC1.1 及以上版本；
6. Symbian S60 v3 及以上版本；
7. BlackBerry OS 4.5 及以上版本。

详细参赛规则、作品设计开发规范和开发平台等，请关注大赛网站。

三、时间安排

报名时间：2011 年 7 月 6 日截止

作品提交：2011 年 9 月 20 日截止

初评及决赛：2011 年 10 月—11 月

四、奖励

大赛按照公平、公正、公开的原则，按本科和高职高专组分别评选特等奖、一等奖、二等奖、三等奖、优秀组织奖、优秀指导教师奖等奖项。

五、联系方式

大赛网站：http://bjcac.buu.edu.cn

大赛邮箱：bjcac@buu.edu.cn，bjcac@yahoo.cn
联系电话：010-64909424
通讯地址：北京市朝阳区北四环东路 97 号北京联合大学教务处
邮政编码：100101

北京市教委领导及大赛组委会领导讲话

一、大赛组委会名誉主任、北京市教委副主任付志峰在"'北京联通杯' 2011 年北京市大学生计算机应用大赛暨京港澳台大学生计算机应用大赛"决赛开幕式上的讲话（部分摘要）

各位专家：

非常感谢大家能利用周末时间来参加这次大赛！北京市教委非常重视大学生学科竞赛工作，因为学科竞赛作为培养创新性人才的重要平台和有效途径，能够激发大学生的学习兴趣与潜能，加强大学生创新能力、实践能力、就业能力及团队协作精神的培养。北京市教委一直不断加强大学生学科竞赛的力度，不断地扩展学科间的竞赛覆盖面，增加竞赛的种类。大学生计算机应用大赛由联大主办，组织有序，做的很好。大赛不仅面向北京高校，而且扩展到港澳台地区，明年有望扩展到华北五省市，以及港澳台地区，让更多的学生能参加计算机应用大赛。

对计算机大赛提出几点建议：

第一，竞赛方式要求高效，我们希望比赛参与的学生更多、范围更广、影响更大，大赛有云平台作支撑，为实现这个目标提供了前提条件，要继续完善和推广；第二，建议对优秀作品进行整理，通过刊印或者视频的形式，让大家感受学生的创意，鼓励学生参与学习、参与竞争；第三，希望通过竞赛加大对学生的培训，让更多的大学生喜欢计算机大赛。

希望北京市大学生计算机应用大赛以后能越办越好，谢谢大家！

二、大赛组委会主任、北京信息科技大学校长柳贡慧在"'北京联通杯'2011 年北京市大学生计算机应用大赛暨京港澳台大学生计算机应用大赛"决赛开幕式上的致辞

各位领导、各位专家、各位老师:

首先我代表本次大赛的组委会向各位领导、各位学校专家,以及北京联合大学的各位老师、教授们表示衷心的感谢。

本次大赛是在北京市教委的指导下,由北京联合大学和北京高等教育研究学会计算机研究会共同主办的,已经是第二届了。本次大赛在上一次大赛取得成功的基础上,进一步对大赛的主题、形式作出创新。首先,大赛的参赛队伍和范围有所扩大,参赛的队伍不仅覆盖北京地区的高校,同时也有港澳台地区院校队伍参加;第二,本次大赛的评审方式有所创新,运用现代的技术手段,通过云平台评审系统来进行,也体现了计算机领域的新技术在大赛上的应用;第三,作为大赛的承办单位,北京联合大学和北京高教学会计算机研究学会在大赛的组织运行中做了大量工作,大赛组委会邀请了很多高校和企业的专家参与到活动中,他们做出了辛勤的努力。

今天大赛已经进入最后阶段,共有 24 所学校的近 60 支队伍进入决赛,代表了国内及港澳台同类型高校学生计算机水平的一个较高展示。同时,也希望大赛能够在各方面的参与和支持下取得更大的成果。自大赛举办以来,有相关的企业踊跃参与到大赛中来,我们也希望将来能够得到更多相关企业的支持,使它的影响力和社会的认可度不断得以提升。

作为原北京联合大学的校长,现任北京信息科技大学校长,我也非常愿意继续从个人和学校的角度来支持大赛这样的活动。在此,我也对给予我工作上充分支持和指导的北京市教委,北京联合大学,北京高教研究会计算机研究会的领导专家表示衷心的感谢。

谢谢大家!

三、北京市教委高教处黄侃处长在"'北京联通杯'2011 年北京市大学生计算机应用大赛暨京港澳台大学生计算机应用大赛"决赛开幕式启动仪式上的致辞

北京大学生计算机应用大赛是由北京市教委主办的学科竞赛之一,由北京联合大学和北京市高等教育学会计算机教育研究会共同承办,本届大赛由联通公司冠名赞助,也得到其他国内著名企业的支持。我们的基本原则是,"政府主办,专家主导,学生主体,社会参与"。

在去年成功举办首届计算机应用大赛的基础上，今年这项赛事在竞赛主题和参赛范围方面都有扩大。竞赛的主题由手机创意设计扩展为"移动终端应用创意与程序设计"。参赛范围由在京高校扩展为京港澳台在校大学生。这项赛事目的是促进学生将理论知识与实践相结合，应用新技术和方法，完成具有实际应用意义的创意设计，并予以实现；提高学生的策划、设计、实现、协调组织和解决问题的能力；培养、锻炼大学生创新意识、创意思维与设计和创业能力，更好地培养和发现符合经济社会发展需求的优秀人才；促进相关专业和课程的教育教学改革。

北京市实施了教育教学改革质量工程，培养大学生的实践能力、创新能力是其中非常重要的内容。大学生学科竞赛是支持这种创新能力培养的重要措施。我们希望通过学科竞赛这种形式，促进高校的教育教学改革工作，促进创新、创意、创业教育，促进人才培养。

预祝"北京联通杯"2011 年北京大学生计算机应用大赛暨京港澳台大学生计算机应用大赛顺利举行！

"北京联通杯"2011 年北京市大学生计算机应用大赛

暨京港澳台大学生计算机应用大赛启动仪式

以"服务贸易：推动世界经济新增长"为主题的第三届中国服务贸易大会于 2011 年 6 月 1 日在京开幕。会议期间，由北京联合大学和商务部中国服务贸易协会专家委员会共同承办的第三届中国服务贸易大会人才论坛暨服务贸易（服务外包）人才培养国际峰会在北京国贸大饭店隆重召开，这是一场跨越财经、IT、教育等多领域的盛会。北京联合大学和对外经济贸易大学成为该论坛的两个学术支持单位。6 月 2 日，在国际峰会的闭幕式上，举行了"北京联通杯"2011 年北京市大学生计算机应用大赛暨京港澳台大学生计算机应用大赛启动仪式，北京市教育委员会高等教育处黄侃处长出席并致辞。

近年来，北京市教委高度重视大学生实践能力、创新能力和创业能力的培养，大学生学科竞赛是支持这些能力培养的重要措施。今年，将北京市大学生计算机应用大赛扩展到港澳台地区，希望通过学科竞赛这种形式，深化高校的教育教学改革工作，适应新兴产业和新技术发展对人才的需求，促进创新、创意、创业教育，进一步提高人才培养质量，增进两岸四地的交流合作。

移动终端应用创意与程序设计

教委黄侃处长、联通公司负责人与北京联合大学鲍泓副校长一起按下大赛启动按钮

竞赛花絮

赛前领队会

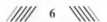

北京市教委付志峰副主任和金红莲副处长莅临大赛指导工作

北京市教委付志峰副主任、金红莲副处长与组委会及评审专家合影

北京市教委付志峰副主任、北京联合大学徐永利书记、大赛组委会主任柳贡慧校长指导大赛工作

大赛承办校领导陪同市教委主管领导参观决赛准备情况

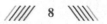

大赛决赛评审专家组预备会

专家应用云平台评审系统对参赛作品进行在线初赛评审

参赛选手在决赛答辩现场

大赛决赛评审现场（前一为台湾专家）

大赛评审专家进行会商评议

大赛组委会领导为台湾获奖团队师生颁奖

大赛组委会领导与台湾参赛团队师生亲切交流

参赛队在等候区认真准备参加决赛答辩

大赛志愿者

第二部分　组委会及专家评委名单

北京市大学生计算机应用大赛

暨京港澳台大学生计算机应用大赛组委会名单

名誉主任：付志峰　　北京市教育委员会

主　　任：柳贡慧　　北京联合大学

副 主 任：黄先开　　北京联合大学

　　　　　高　林　　北京市高等教育学会

　　　　　黄　侃　　北京市教委高教处

　　　　　鲍　泓　　北京联合大学

总 顾 问：何新贵　　北京大学

委　　员：吴文虎　　清华大学

　　　　　谢柏青　　北京大学

　　　　　杨　鹏　　北京联合大学

　　　　　陈　明　　中国石油大学（北京）

　　　　　陈朔鹰　　北京理工大学

　　　　　肖方晨　　神州数码（中国）有限公司

　　　　　贾卓生　　北京交通大学

　　　　　马　严　　北京邮电大学

蒋宗礼　　北京工业大学

武马群　　北京信息职业技术学院

黄心渊　　北京林业大学

金红莲　　北京市教委高教处

袁玫　　　北京联合大学

张富宇　　北京市教委高教处

港澳台专家

秘　书　处

秘书长：牛爱芳

副秘书长：宋旭明、沈洪、张奕、王树国、潘宏波、姜素兰、张静静

成　　员：杨沛、彭涛、商新娜、杜煜、王旭、许汇冬、闫晔、耿凌霞、丁晓君、刘磊

专家工作组

组　　长：鲍泓　　北京联合大学

副组长：黄心渊　北京林业大学

顾　　问：高林　　北京市高等教育学会

成　　员：谢柏青　北京市高等教育学会

蒋宗礼　　北京工业大学

于京　　　北京电子科技学院

贾卓生　　北京交通大学

林志洪　　北京信息职业技术学院

袁玫　　　北京联合大学

肖方晨　　神州数码（中国）有限公司

耿赛猛　　乐成3G创意产业研发基地

初评专家名单

总负责：鲍泓　黄心渊（北京林业大学）

总协调：袁玫　宋旭明

仲　　裁：谢柏青（北京大学）　毛汉书（北京林业大学）

耿赛猛（企业专家）　姚俊（企业专家）

第 1 组

  组长：高 嵩（北京青年政治学院）

  专家：孙践知（北京工商大学） 葛均荣（企业专家）

第 2 组 （本科 1 组 Apple 等）

  组长：陈 明（中国石油大学）

  专家：刘宏焕（台湾中原大学，远程评审） 毛英勇（企业专家）

第 3 组 （本科 2 组）

  组长：陈志泊（北京林业大学）

  专家：黄都培（中国政法大学） 杨皓云（企业专家）

第 4 组 （本科 3 组）

  组长：张 莉（中国农业大学）

  专家：曹淑艳（对外经贸大学） 王伟丽（企业专家）

第 5 组 （本科 4 组）

  组长：牛少彰（北京邮电大学）

  专家：何胜利（北京外国语大学） 王 帅（企业专家）

决赛专家名单

总 顾 问：高 林

总裁判长：鲍 泓

副总裁判长：黄心渊（北京林业大学）

协 调：宋旭明

仲 裁：谢柏青（北京大学） 毛汉书（北京林业大学）

    耿赛猛（企业专家） 姚 俊（企业专家）

第 1 组

  组长：陈朔鹰（北京理工大学）

  专家：张 莉（中国农业大学） 李志平（首都师范大学）

    李 宁（北京信息科技大学） 杨皓云（企业专家）

第 2 组

  组长：牛少彰（北京邮电大学）

  专家：刘立新（中国传媒大学） 朱小明（北京师范大学）

    贾卓生（北京交通大学） 王伟丽（企业专家）

第3组

组长：杨小平（中国人民大学）

专家：姚　琳（北京科技大学）　陈志泊（北京林业大学）

袁　玫（北京联合大学）　张　章（企业专家）

第4组

组长：陈　明（中国石油大学）

专家：刘宏焕（台湾中原大学）　郑　莉（清华大学）

艾明晶（北京航空航天大学）　毛英勇（企业专家）

第5组

组长：高　嵩（北京青年政治学院）

专家：孙践知（北京工商大学）　张小明（北京石油化工学院）

曹淑艳（对外经贸大学）　葛均荣（企业专家）

第三部分 评审及获奖情况

竞赛评价指标体系

一、初评评价指标体系

初评评价指标体系见表 **1**。

表 1 初评评价指标体系

编 号	评 分 项	说 明	分 值
1	作品创意	（1）创意点能与手机功能、互联网结合，创意点直观、便捷、易于操作（15～20）； （2）创意点与手机功能结合不明显或缺少网络功能（7～14）； （3）作品创意不突出或明显模仿现有产品（0～6）	20
2	市场与技术 可行性	（1）市场前景分析清晰、明确，有完善的市场规划，创意点在现有技术条件下能够实现（8～10）； （2）市场前景分析比较清晰，有一定的市场规划，创意点60%～80%具备技术实现可能（5～7）； （3）市场前景分析模糊不清，没有完善的市场规划，创意点0%～60%具备技术实现可能（0～4）	10

编　号	评 分 项	说　　明	分　值
3	作品功能与UI设计描述	（1）作品功能描述完整、合理；UI设计突出，功能跳转自然、风格统一（11～15）； （2）UI设计较好，有风格不协调之处；作品功能描述不完整、缺乏合理性（6～10）； （3）作品功能描述不清楚、前后矛盾，UI设计一般（0～5）	15
4	功能实现	（1）软件能够流畅运行，界面功能设置合理，易于上手使用，对于目标客户群体具备很好的吸引力（25～35）； （2）软件运行无误，能基本演示作品功能，但存在功能不完善之处（13～24）； （3）软件无法运行或运行中多次出报错，无法通过软件展现其文档中设计的功能（0～12）	35
5	团队合作	（1）团队分工合理，职责明确，文档内容与软件一致（8～10）； （2）团队分工欠合理，职责明确，文档内容与软件存在差异（5～7）； （3）团队分工不合理，职责不明确，文档内容与软件存在很大差异（0～4）	10
6	文档设计	（1）作品描述清楚，有完整图文表述，文档规范（8～10）； （2）作品描述清楚，有图文表述，文档有拼凑痕迹（5～7）； （3）作品描述不清楚，无完整图文表述（0～4）	10
		得分合计	100

二、决赛答辩评价指标体系

决赛答辩阶段评价指标体系见表2。

表2　决赛答辩评价指标体系

编　号	评 分 项	说　　明	分　值
1	作品创意	（1）创意点能与手机功能、互联网结合，创意点直观、便捷、易于操作（15～20）； （2）创意点与手机功能结合不明显或缺少网络功能（9～14）； （3）作品创意不突出或明显模仿现有产品（0～8）	20

续表

编　号	评　分　项	说　明	分　值
2	团队合作表现	(1) 团队分工合理，职责明确，协作能力强（8～10）； (2) 团队分工欠合理，职责明确，配合不流畅（5～7）； (3) 团队分工不合理，职责不明确，未能体现团队协作（0～4）	10
3	现场陈述	(1) 论述条理清楚，逻辑性强，表达清晰（15～20）； (2) 表达较清楚，具有一定的逻辑性（9～14）； (3) 陈述表达一般，思路不太清楚（0～8）	20
4	作品演示	(1) 原型功能完全实现其创意，特色明显（19～25）； (2) 原型功能基本表现创意（11～18）； (3) 无法运行或无法表示作品创意与功能（0～10）	25
5	回答问题	(1) 具有综合应用所学知识的能力，回答准确完整（19～25）； (2) 基本能回答提出的问题，准确性、完整性不足（11～18）； (3) 不能准确回答提出的问题（0～10）	25
		得分合计	100

"北京联通杯" 2011 年北京市大学生计算机应用大赛

暨京港澳台大学生计算机应用大赛获奖名单

编号	学校名称	队伍名称	队员1	队员2	队员3	队员4	队员5	指导教师
本 科 组								
一 等 奖								
1	中国矿业大学（北京）	矿石计算机	王舒扬	李蓝天	于凯敏	杨勤璞		徐慧
2	北京信息科技大学	疯狂奶牛	赵业	晏冉	何昊	彭文欢	王鑫龙	李振松
3	北京工商大学	BTBU 软件	姜迪威	宋健	刘亚	刘渤		李海生
4	北京石油化工学院	神笔部落	王一民	刘伟	李磊	李海彤	袁立桓	马莉
5	北京城市学院	PeTo studio.	赵啸鸥	杜文	陈晓彤	刘培根		冯晓川

续表

本 科 组								
编号	学校名称	队伍名称	队员1	队员2	队员3	队员4	队员5	指导教师
一 等 奖								
6	龙华科技大学（中国台湾）	MyCow	曾柏翔	傅俊又	黄靖淳	李佳珊	余婷安	许峻嘉
7	龙华科技大学（中国台湾）	Red Sox	钱柏霖	陈昭莹	林雅滢			梁志雄
8	朝阳科技大学（中国台湾）	CYUTIM	吴秋华	丁昱衔	蔡家铭	李木信	洪伟智	陈荣静
9	朝阳科技大学（中国台湾）	IMCYUT	苏舜中	郑宇哲	黄昱玮	黄新忠	刘育安	陈荣静
二 等 奖								
1	中国矿业大学（北京）	Rescuer	王玉峰	薛懋楠	刘巍	佀重遥		徐慧
2	中国矿业大学（北京）	源代码	郑文昊	史玲娜	张文轩	许天然	吴垚	徐慧
3	中央民族大学	中央民族大学新星队	刘梦	刘钰	杜丹丹	高原		程卫军
4	北京科技大学	Googol	贾宁	张岩昊	闫悦			洪源
5	北京林业大学	lllrw	李瑾	李杰	任梦琪	王佩倩	刘晶晶	罗岱
6	北京信息科技大学	北信通信0812队	王袆辰	邓凯元	王鹏	张馨冉		李振松
7	北京信息科技大学	P. v. Z.	李晓天	王振铎	王峰	翁武毅		王亚飞
8	北京信息科技大学	NermalWorks	王补平	彭宇文	杨婉秋			王亚飞
9	首都师范大学	WooCore!	周邦	洪雪琳	文滔	万虎		骆力明
10	首都师范大学	梦之队	张天宇	谭旭	杨丽馨	魏艾文	邵岩飞	骆力明
11	北京联合大学	BUUmac	白文致	全娜	邱正强	郭亚勇	郝凌冰	徐歆恺
12	北京联合大学	爪爪爪爪爪爪	黄晓婷	周建	卢旭	陈曦		梁晔
13	北京城市学院	Paradise	郑雪文	尹艺	周亚鹏	韩天驭		郭乐深
14	北京建筑工程学院	建院micro队	刘超	韩骥祥	赵骏	周文祎		刘亚姝 马晓轩
15	北方工业大学	冬之伊甸	闫红艳	李西诺	陈东河			马礼 马东超
16	北京建筑工程学院	安客队	杨璐	李小乐	孙怿	刘巍		周小平 马晓轩
17	建国科技大学（中国台湾）	魔法一点通	林佑豪	朱飞豪	吴锦泓			吴志宏
18	中原大学（中国台湾）	Position	林书贤	廖仲伟	廖振宇	刘晏辰		刘宏焕

续表

本 科 组								
编号	学校名称	队伍名称	队员1	队员2	队员3	队员4	队员5	指导教师
三 等 奖								
1	中央民族大学	华兴队	洛桑嘎登	孙小喻	李婵怡	范博	燕振龙	程卫军
2	北京工业大学	MXY	毛振	肖毅	于连明			王皓
3	北京林业大学	水果仔	祝璞	张翘楚	王磊			靳晶
4	国际关系学院	坡上花开	王剑桥	王楠	杨金然			周延森
5	中国矿业大学（北京）	矿业守财奴	庄海涛	贾珺	车月勇	董于洋		徐慧
6	北京电子科技学院	2012	谢登传	谭劲骅	外力	王弘远		徐日
7	北京电子科技学院	象鼻队	张志鹏	邵翔	王新博			徐日
8	北京科技大学	圆梦	胡敏	朱红	张囡囡	高竹青	周星悦	万亚东
9	首都师范大学	感想敢做	陶未华	谷仲	罗文斌			骆力明
10	北京工商大学	X-touch	欧阳雯	黄丽娇	陈宝花	谭旸旸	王强	杨伟杰
11	北京工商大学	full strength	刘亚奇	林晓蕾	李彩虹	戴莱	陈俐伶	李海生
12	北京印刷学院	L&F	胡昕宇	杨洋	马辛未	贾晨	张洪纲	杨树林
13	北方工业大学	iphone 虚拟购物卡	高子晗	周全				何丽 席军林 杨建
14	北方工业大学	畅驾游开发团	钱垚	薛晨	王明熠			席军林 何丽 杨建
15	北京邮电大学世纪学院	子进程	季剑鸣	赵楚	陈路珂			陈沛强
16	北京邮电大学世纪学院	快乐你懂的	杜婷婷	龚玉文	栗泰之	陈雪莹	陈思娜	陈沛强
17	北京联合大学	三人行	范存方	杜少辰	刘元坤			廖文江
18	北京联合大学	风之翼	秦宇晟	周扬	胡长利			彭涛
19	北京石油化工学院	创新乐园	余鑫	王泽	贾庭伟	方金	李贻芳	秦彩云
20	北京工商大学	三棱镜	赵莹莹	马许	徐婷婷	丁霏霏	于霈	刘蓓琳
21	北京建筑工程学院	建工之星	高启航	徐鑫	肖菊	邵炎炎	王光	赵海龙

续表

编号	学校名称	队伍名称	队员1	队员2	队员3	队员4	队员5	指导教师
本 科 组								
三 等 奖								
22	北京邮电大学世纪学院	FA	王千艺	盛乾坤	李长地	陈婧菲	吴温晓	陈沛强
23	北京服装学院	信息中心队	刘文会	张璇	韩中淑	刘玥		耿增民
24	北京服装学院	里程碑	林姗	许楠楠	李艳	杨雨青		刘正东
高 职 组								
编号	学校名称	队伍名称	队员1	队员2	队员3	队员4	队员5	指导教师
一 等 奖								
1	北大方正软件职业技术学院	3G 在 WO	李宁	刘登科	吴岳	宋玮		宋远行
二 等 奖								
1	北京联合大学	CMT（Challenge Myself Team）	宫殿琦	赵平	张豪	左诚	崔筱婧	肖琳
2	北京电子科技职业学院	电科手游工作室	谭健	李艺阳	王潮			陈海燕
3	北京电子科技职业学院	J-Group-One	杨蕾	唐甜甜	李鑫			李云玮
4	北大方正软件职业技术学院	苹果派	陈炫逸	张路知	尹力	孟骁		董小园
三 等 奖								
1	北大方正软件职业技术学院	starting early	夏潇潇	崔志敏	李巧润	关金子	王鑫	董正发
2	北大方正软件职业技术学院	Flying penguins	邹乃腾	李翠	姚雪君			朱松
3	北京电子科技职业学院	J-Group-Two	谭健	孙忻蕾	冯旭			李云玮

优秀指导教师

编 号	学 校 名 称	指 导 教 师
1	中国矿业大学（北京）	徐 慧
2	北京信息科技大学	李振松
3	北京城市学院	冯晓川

续表

编　　号	学 校 名 称	指 导 教 师
4	龙华科技大学（中国台湾）	许峻嘉
5	龙华科技大学（中国台湾）	梁志雄
6	朝阳科技大学（中国台湾）	陈荣静
7	北京工商大学	李海生
8	北京石油化工学院	马　莉
9	北大方正软件职业技术学院	宋远行

优秀组织学校

1	中国矿业大学（北京）
2	北京工业大学
3	北方工业大学
4	北京建筑工程学院
5	北京信息科技大学
6	北京工商大学
7	北京联合大学
8	中原大学
9	北京邮电大学世纪学院
10	北京电子科技职业学院
11	北大方正软件职业技术学院

第四部分 优秀作品案例精选

作品 1 PaceMeter

获得奖项 本科组一等奖

团队名称 矿石计算机

所在学校 中国矿业大学（北京）

团队成员及分工

"矿石计算机"是由李蓝天、杨勤璞、于凯敏、王舒扬四人组成的一支热爱运动和编程的团队。团队在业余时间积极学习计算机领域的相关知识，互相交流、讨论。大家分工明确，配合默契，历经近一个月的时间共同开发了 PaceMeter，这款 **3G** Android 手机健康应用软件。

李蓝天（组长）：负责编写文档和人员分工。

杨勤璞：主要负责编码工作。

于凯敏：主要负责 UI 设计。

王舒扬：建模求解相应参数。

指导教师 窦子辉

作品概述

生命在于运动，拥有一个健康的体魄是每个人最大的财富。而在忙碌的现代生活中，您是否抽不出时间来锻炼？让 PaceMeter 来帮您！在您日常慢跑运动的时候，它会忠实记录您跑步的步数及消耗的热量，让您随时监控自己的运动状态。坚持慢跑锻炼，不但能为低碳环保贡献自己的力量，还能帮助高血压患者改善症状，预防和改善动脉硬化；运动能使体重减轻，也逐渐减少心脏的负担。

PaceMeter 作为一款具有创新性与实用性的健康软件，以卡通的界面、丰富的功能、实用而又独特的智能计步功能展现给广大移动用户。PaceMeter 是提高运动效果的有力工具，它通过调整灵敏度来自动的感应用户的跑动次数，并根据相关研究提供的数据换算出每步对应消耗的卡路里值，从而使运动效果量化、可视化。PaceMeter 可实时显示各项运动参数：跑步步数、运动时间、耗能等数据。"我的记录"进行步数统计时，该功能会让您知道过去的累计运动量。"目标设定"功能可以帮助你制定运动计划和目标，在达到设定目标时，程序自动提醒并停止运行。此外，PaceMeter 可以即时将运动数据上传至社交网站和微博，方便用户记录和分享运动中的快乐；该软件还可以利用网络通信功能，方便地链接到国内知名健康网站，并且可以进行在线问答，方便用户随时随地了解健康资讯。

PaceMeter 使运动更有乐趣。全民健身计划一直在全国推行，健康环保，从我做起。推崇低碳生活方式的您还在等什么？快开始您精彩的运动人生吧！

作品功能：

功能	介绍
基本计步功能	通过手机加速度感应系统检测出跑步步数
计时计步功能	帮助用户检测固定时间内跑步步数及其对应消耗卡路里值
在线分享	将运动数据上传至人人网和新浪微博
我的记录	记录和查看历史数据
在线查询卡路里	通过网络即时查询各种食品对应卡路里值
定量提醒	设定一定的卡路里值作为目标开始跑步，当达到目标时，提醒用户
设置	调节灵敏度参数，适用于不同型号的手机；通过用户实际测试，输入实际步数，给出较为准确的灵敏度和相应误差
健康在线	即时访问饮食健康、运动保健等健康方面的网站，并且提供在线资讯
关于	查询软件的版本及作者等信息

作品原型设计

实现平台：Android

屏幕分辨率：$\geqslant 320 \times 480$

手机型号：适用于装有 Android，屏幕分辨率≥320×480，并且附带加速度感应功能的手机

软件截图

| 起始界面 | 主界面 | 我的记录 | 健康在线 |

| 计步功能 | 卡路里计算 | 设置 | 关于 |

作品实现、难点及特色分析

（一）作品实现及难点

第一，PaceMeter 的计步功能是基于 Android 手机自带的加速度感应器。由于人走路和跑步时会产生震动，在手机上可以引起加速度感应器数值的变化。通过记录这种变化，产生振动波形。

Android 手机会感应 X、Y、Z 轴三个方向的加速度，通过公式：

$$a = \sqrt{x^2 + y^2 + z^2}$$

可以计算出合加速度，记录合加速度 a，产生一组离散的数值。这组数值即为振动波形的离散采样。通常来讲，人体每秒行走 $0.5\sim2$ 步，最多不超过 5 步，因此，合理的计步器输出为 $0.5\sim5Hz$，采用截止频率为 $5Hz$ 的 FIR 低通滤波器来过滤高频噪声，是低通滤波器的频率响应。

第二，在 UI 界面设计时，如何将 gif 图片导入实现动画效果成为另一难题。我们将 gif 拆分成很多帧，然后存储到 Drawable 中，利用 Animation 资源实现图片的自动切换，实现动画效果。在 RunningActivity 中，则直接继承 View 类，重载 OnDraw 函数，在窗口刷新时连续绘图，实现动画效果。

第三，由于每个人的手机参数的差异，需要调整适宜的灵敏度，为了方便用户，我们设计了自动调整灵敏度的功能。

（二）特色分析

该款 PaceMeter 计步器软件结合以往的先例，进行了功能完善和修改。在计步的基础上，结合网络资料建模计算出步数与卡路里值的关系，进而设计新功能计算运动热量。在滤波算法中，一如灵敏度这一概念，用户可以及时设置适合自己手机的灵敏度，是不是计算更加精确？此外，在线上传至校内网，使软件交互性进一步增强，方便人与人之间的健康交流。另外，手机设置健康网和卡路里在线查询，方便用户查询各类健康咨询。

作品 2　GPA 计算能手

获得奖项　本科组一等奖

团队名称　疯狂奶牛

所在学校　北京信息科技大学

团队成员及分工

疯狂奶牛于 2011 年 8 月成立于北京信息科技大学，自此，我们将继承北京信息科技大学的光荣传统，精益求精，勇于创新，力争创作出美观、实用、趣味性十足的手机软件而不懈努力。

王鑫龙（组长）：负责安排工作、美工、UI 界面设计。

赵业：项目策划，需求分析，界面设计，文档撰写。

何昊：界面编程，负责模块之间的衔接。

晏冉：负责软件的核心算法程序。

彭文欢：后期测试，修复 Bug

指导教师　李振松

作品概述

近些年，随着中国在教育领域与国外的交流日益增多，国外高中和大学的优质教育资源和人性化教育理念吸引了越来越多的中国学生，他们开始倾向于选择进入国外高中和高校进行学习和深造。

每个有意出国留学的学生都面临着一个不可回避的问题，即国内取得成绩与国外认可的成绩之间的换算问题。这就是在留学生中经常提及的 GPA 换算。GPA 成绩是申请国外高校的最重要的一个材料，因此，GPA 的换算已成为所有出国留学生最为关心的一个问题。由于目前国内不论是高中还是大学，成绩计算方法种类繁多，同样一个成绩根据不同学校的计算后，结果差距明显，这就给学生准确自身定位和申请国外理想大学造成了严重障碍。

本款基于 Android 平台的 GPA 计算能手为此问题提供了专业的解决方案。我们的软件提供了国外高校认可的多种 GPA 换算方法，帮助用户把国内高校的成绩准确换算为国外教育机构接受的 GPA 成绩。使用者可以对自己的成绩有一个准确地认识，解决在出国时在成绩方面的困惑。

作品功能

界面	功能简述
主界面	1）信息显示 （1）多种 GPA 算法结果显示； （2）已获得学分； （3）当前学期，学年时间显示。 2）功能按钮 （1）输入成绩； （2）查询成绩； （3）未来成绩计算； （4）导出数据； （5）更多
输入信息	1）输入信息 （1）课程名称； （2）学期； （3）类型； （4）学分； （5）成绩； （6）备注。 2）功能按钮 （1）返回按钮； （2）存储返回按钮； （3）存储继续输入按钮
查询数据	1）每门信息显示 （1）名称； （2）学期； （3）类型； （4）成绩； （5）学分。

续表

界面	功能简述
查询数据	2）功能按钮 （1）返回按钮； （2）添加新课程按钮； （3）删除按钮； （4）筛选按钮（学期/类型）； （5）长单击修改
未来计算	1）两种方式信息提示 2）输入数据 （1）待获得学分； （2）需要达到的目标成绩
更多	1）关于 2）FAQ 常见问题 3）云端上传功能

作品原型设计

实现平台：Android 2.2

屏幕分辨率：854×480

软件截图

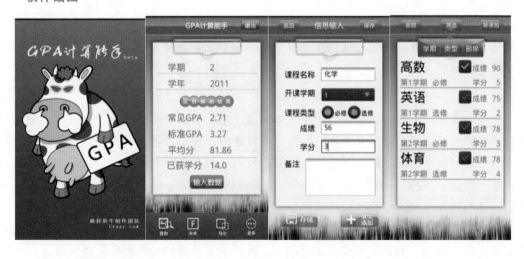

欢迎界面   主界面显示   输入界面显示   查询管理界面

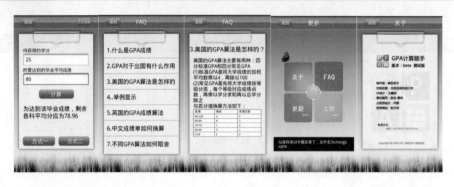

未来计算成绩　　FAQ 界面　　FAQ 问题解答　　更多界面　　关于界面

作品实现、难点及特色分析

（一）合理的结果显示

常见 GPA 和标准 GPA 的内容，在第一次进入程序，无数据输入时，会显示 NaN（not a number），这是由于 Float 形变量，不允许 0.0 除以 0.0，而我们所使用的 sqlite 数据库在没有数据的空白位置填的是 0，在"我的程序"中从数据库中取出数据后使用 Float. prasefloat，将空数据转换为 Float 形式，即 0.0 使得计算结果变为 NaN。

（二）查询页面的设计

查询页面涉及控件隐藏、显示，ListView 内容的复选效果及对于课程选择后，是执行修改、删除等操作时所要执行的任务。在复选时，由于 Android 自带的复选布局只支持单文本的Item。而我们小组的程序要求在 Item 中列出课程的名称、性质、学分等很多信息，不能仅显示一个条目。因此，我们使用了 CheckedTextView，这个控件默认不获得焦点，更加适合在复选中使用。

（三）美工设计

采用主流设计方式，在按钮和图标上都借鉴了手机软件中不错地设计，同时又通俗易懂。设计时为迎合用户最佳视觉体验，经过反复推敲，反复修改，反复与编程人员进行协商，最终达到预期效果。在主流设计的同时，我们在版面设计和按钮设计上还加入了自己的创新，例如，"更多"界面的按钮设计，就采用"四叶草"形式设计，既与程序图标相呼应，又给用户一个清新明亮的视觉感受。在特效方面，我们也精益求精，不仅注重外表的华丽，同时以用户最佳体验为本，坚持一切以简便高效为目的。例如，"FAQ"页面，在目录选择的基础上加入了手势滑动效果，让用户方便快捷地切换不同问题页面。

作品 3   GPS 定位闹钟

获得奖项   本科组一等奖

团队名称   PeTo Studio.

所在学校   北京城市学院

团队成员及分工

PeTo Studio. 团队成立于 2008 年 8 月，从创建之初的两位成员发展至今天的 5 位成员（因有一位成员非本校学生，故无法参加本次大赛）。团队一直致力于 iOS 平台软件的开发。从软件的构思、设计、开发、调试、维护等一系列工作我们都可以独立完成。至今已开发了多款 iOS 应用并在 AppStore 上取得了不少佳绩，并曾受到梅赛德斯——奔驰公司的委托，为其在新品车型的发布会上制作 iPad 版电子宣传册程序。

刘培根（PeTo Studio. 创始人、团队负责人）：负责软件整体架构设计、分配任务、技术支持及大部分代码实现。

陈晓彤：负责 UI 设计、图形元素的制作、确保用户可获得完美的使用体验。

赵啸鸥：负责收集用户反馈、软件的实地测试、Bug 调试等工作。并负责代码的存储与维护和部分代码的实现。

杜文：负责整个团队与学校之间的协调工作。负责开发、设计文档的编辑、撰写等。

指导教师   冯晓川

作品概述

随着时代的发展，社会的进步，人们生活节奏的加快，智能化正一步步的进入人们的生活中。每天早上无数的人们带着惺忪的睡眼，乘着公交车奔波在上班的路上，报站声一响，瞧！一个乘客突然跳起，大吼一声："又睡过站了!!!"。不小心错过了站，不但耽误了时间会被老板、老师责骂而且还会影响一整天的心情。

为了能够完全避免此类问题的再次发生，今天，我们带来了这款 iOS 平台上独家发售的软件——《GPS Alarm Clock》。此软件专为常乘坐公交车的上班族、学生族所设计，本软件为害怕错过公交车站点或不知该在哪站下车的人们提供一个完美的解决方案。

GPS 定位闹钟是 iOS 平台上首款基于 GPS（全球卫星定位系统）并带有闹钟功能的应用软件。运行软件后，程序会自动定位用户当前位置并显示周围地图。用户可单击"放置大头针"按钮，并将大头针指向旅途的终点站，或使用本软件内置的搜索功能确定旅途

的终点。然后开启闹钟开关，即可退出软件或关闭手机屏幕，软件会自动切换到后台运行并智能化监测用户当前位置。随着与目的地逐渐地接近，在距离目标小于 X 米（可在软件中设定），软件会震动并播放音乐通知用户"已经接近目的地"。随后会自动关闭 GPS 定位功能，以节约手机电量。

作品功能：

功能简述	功能描述
用户定位	利用手机内置的 GPS 模块快速、精确地确定用户当前所在坐标，并随时跟踪用户的位置
地址搜索	本软件用于显示的地图信息由 Google 提供，并且支持通过搜索地址或建筑物来确定用户目的地位置坐标
提醒功能	当用户当前位置的坐标与目的地坐标很接近时软件会自动发出振动和声音提醒
设置	提供一些设置选项供用户自主设定提醒方式
使用教程	以图片的方式形象的向用户展示如何使用本软件
联系我们	通过 E-mail 方便地联系作者获取帮助与支持

作品原型设计

实现平台：iOS 4.0 以上

屏幕分辨率：iPhone 4 640×960

iPhone3G /iPhone 3GS 320×480

手机型号：支持 GPS 定位功能的所有 iOS 设备

软件截图

作品实现、难点及特色分析

（一）作品实现及难点

本程序是通过 iPhone 自带的 GPS 获取用户位置经纬度信息，并与用户设定的目的地经纬度坐标进行计算，从而得出两点间的直线距离。判定当距离小于一定量时触发警报器，提醒用户。

（二）特色分析

本软件是 iOS 平台上首款将 GPS 与闹钟功能结合起来的软件，并且在 iOS4.0 及以上系统支持后台运行。这样可以持续运行软件而不影响用户使用其他软件或浏览网页等。

苹果有着历年来统一的软件 UI 风格和流畅的过渡动画，可以带给用户完美的使用体验。本软件也加入了许多动画元素，例如，用户当前位置的声纳圈（动画）、放大地图的动画、Navigation 视图的推送动画、选择器的视图弹出动画等，使画面看起来更加平滑、流畅，不再显得那么生硬。

本软件预计准备通过 AppStore 销售。通过 AppStore，可以给用户完美的购物体验，包括一键购买、一键升级等。本软件准备长期维护，修复 Bug、增加新功能等。更新软件时用户会通过 AppStore 统一升级更新，免去了不少麻烦。

作品 4 喔～我的牛 (Oh-My Cow)

获得奖项 本科组一等奖

团队名称 MyCow

所在学校 龙华科技大学（中国台湾）

团队成员及分工

喔～我的牛 (Oh-My Cow) 游戏设计团队，是来自中国台湾龙华科技大学多媒体与游戏发展科学系，一群充满创意、对游戏设计充满热忱的在校学生，期待借由团队所制作的游戏，能够带给玩家更多不同的乐趣。

傅俊又：游戏策划。

黄靖淳：关卡设计。

李佳珊、余婷安：游戏美术。

曾柏翔：程序设计。

指导教师 许峻嘉

作品概述

喔～我的牛 (Oh-My Cow) 是一款以农夫拯救被外星人绑架的牛为主题的益智类小游戏，玩家在游戏中操作改装的飞行卡车，在宇宙中以最有效地移动步数与方式，拯救遍布在关卡之中，生存时间有限、岌岌可危的牛。在游戏中，依照各关卡的进行，会新增许多不同的障碍与陷阱，难度也会有所提升；让玩家体验一次又一次迎接挑战的乐趣，并在游戏的过程中得到通过关卡的满足感。

作为一款益智类的小游戏，希望它能给玩家一种"随时随地游玩、轻松无负担"的感觉，相较于其他的游戏作品，此款游戏并非含有庞大、复杂地游戏操作系统与故事架构，而是定位在任何片段、短暂地时间当中，都可以享受游戏；此外，运用可爱的美术风格与活泼的背景音乐，更能让玩家感受到游戏的轻松与惬意。因为我们认为，让不同年龄层与领域的玩家，都能够轻松上手游戏操作，并且享受游戏带来的乐趣，这样才能达到游戏带给人们欢乐的意义。

作品功能

功能名称	功能描述
触碰功能	在游戏中的每个对象、按钮的操作，皆适用触碰功能，用户只要用手指单击、拖曳的方式就能进行游戏
车辆移动、搭载功能	1）车辆移动 　　当玩家单击车辆不放时，即会显示车辆可移动的区域范围，此时玩家只要将车辆信息至想要移动的位置，放开点选后，即会改变车辆位置。 2）车辆搭载 　　当车辆座位临近有可搭载的牛只时，玩家只要点选牛只，即可自动将牛只搭载；当车辆上座位满载时，车辆便会停止玩家继续移动
关卡功能	游戏中的各个关卡，均经过精密的设计，难度依关卡的进行也会跟着增加，也会增加关卡阻碍及陷阱，让玩家通过思考来突破关卡
陨石撞击功能	游戏中某些关卡的障碍之一，会在制定的回合依制定的路线，装机太空中的牛只，改变牛只的位置，增加救援难度
传送点功能	某些游戏关卡中的特殊功能，可以传送玩家所移动的飞行卡车，让进行关卡时有更多的选择及思考，提升游戏难度
黑洞功能	黑洞功能为关卡中的陷阱，若玩家运载的牛只在黑洞位置上时，则会吸取已经搭载的牛只，造成关卡失败
静止功能	静止功能为游戏中的道具"失控胶囊"，当玩家移动开车于其上时，便会直接发动此胶囊的时间暂停功能，让游戏时间静止于一定的回合

作品原型设计

游戏实现平台：Android

屏幕分辨率：1024×600

手机型号：支持 SAMSUNG Galaxy Tab GTP-1000 平板电脑

软件截图

主选单界面　　　　　　　　　　　　　　关卡选择界面

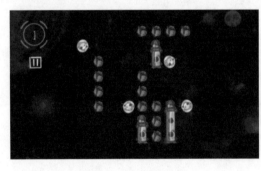

游戏进行界面　　　　　　　　　　　　　暂停选单画面

作品实现、难点及特色分析

（一）作品实现及难点

障碍物件的制定：在游戏中除了玩家所操作的对象之外，还有许多阻挡玩家的机关与障碍，各个障碍对象回应给玩家的效果皆不同，因此，我们要制定明确的规则及效果。例如，彗星撞击的功能，当彗星撞击时，会影响到哪些游戏中的物件？是如何改变？而黑洞的效果，要如何吸取？如何运用传送点传送卡车，以及时间静止功能是否要停止游戏的动画等。经过我们小组反复的开会讨论之后，一步步地将各种对象效果的细项制定出来。

彗星的撞击会在固定回合，依固定方向进入，只改变牛只的位置，到固定的地点；黑洞则是当玩家移动卡车到其隐藏位置时才会出现，并只吸取牛只；而传送点则是会判断传送后的位置是否合理，若超出范围则不让玩家传送，若可以传送则依进入的位置、方向传送至指定位置；而静止功能则停止所有动画效果，让玩家仿佛真的感受到时空静止的感觉。

（二）特色分析

简易操作：玩家只需利用手机的触碰功能，即可满足游戏过程所需的操作行为，没有复杂地技巧操作、易于了解的游戏规则、快速上手的游戏类型、任何片段时间皆可游玩，让本游戏成为适合各年龄层及轻度玩家体验并享受的游戏类型。

多重阻碍与机关：游戏中的各个关卡，依程度不同，难度也随之增加，而多样化的机关与阻碍，不但增加游戏的耐玩性，同时也增加玩家游玩的深度；让玩家在享受游戏过程的同时，也能训练思考，让玩家在通过组建困难的关卡之后，可以有自我肯定的满足感。

作品 5 取鹿奉亲

获得奖项 本科组一等奖

团队名称 Red Sox

所在学校 龙华科技大学（中国台湾）

团队成员及分工

陈昭萤、林雅滢、陈佩怡

指导教师 梁志雄

作品概述

在当今社会中，由于手机的便利性与实时性使得持有比例逐年上升，且通过手机游戏可稍微放松现代人们紧绷的生活，并消磨枯燥乏味的时间。另外，教育部推动台湾的有品运动，委托设计与品德教育相关的「有品电玩」，利用电玩游戏「有立即回馈、可获愉悦性、成就感」等优点，因此，我们选择了具有孝顺意涵的二十四孝，且全世界有三分之一的人口都听过二十四孝的故事，不过却不清楚故事内容，加上家庭中又时常发生父母与孩子间的冲突，为了让现代子女了解孝顺父母的重要性，结合网络、学习、寓言故事、好笑的剧情设计，让孩童在游戏的过程中，学习对父母孝顺的意义，在游戏的媒介中，拉近亲子关系。本团队是以有名的二十四孝故事为主轴，利用新一代智能型手机中各种感应器的功能（如陀螺仪，电子罗盘等），结合手机科技与中国传统孝道，研究发展了一款富有教育意义的互动行动游戏，让小朋友从游戏中开启与父母沟通的大门，并在游戏中针对这个游戏背后的故事设计一个『亲子沟通情境』，增加和父母亲之间的互动与交谈。如此，让亲子之间的关系更加融洽，社会便能更加和谐，而国家便能繁荣富足。

作品功能

一般来说，绝大部分父母对沉迷电玩的小孩是苦无对策，「二十四"笑"有品手机游戏」的上市提供了另类的解决方案。有品游戏是否存在？端视有无市场？而市场是可以被创造出来的。『百善孝为先』，孩子是否孝顺，是天下父母都会关心的问题，「二十四"笑"有品手机游戏」所诉求的对象是目前绝大部分不玩游戏的父母与中小学生及正准备接触大量数字游戏的小孩，这些父母之所以不玩游戏，大部分是由于市面上充斥许多『有市场』的暴力游戏而找寻不到『有品的游戏』适合亲子互动共玩。我们采用免费下载的方式，主

要目的是让父母白天使用手机与客户联系进行工作，晚上或假日下载「二十四"笑"有品手机游戏」，从量变上升到质变，每月下载一款有品手机游戏进行亲子互动与沟通，一直持续两年，我们不相信不会产生任何积极作用。因此，如果各位家长想要改变现状，就请赞助我们，让我们做出更多更丰富的有品游戏，只要掌握购买权的父母下载有品游戏，就会创造出市场，厂商看到市场，就会投入有品游戏研发，促成良性循环。

之所以采用手机游戏作为出发的平台，主要是考虑其方便性，许多家庭并不见得都有计算机，但绝大部分都会有手机。因此，为了大量推广，需要从低阶手机，移植游戏程序到高阶手机，如 iPhone 与 Android 等平台，这需要大量的人力投入。故需要大家的赞助，赞助的方式有很多种：

1. 最简单的方式即下载免费有品的手机游戏，因为您的下载会创造出市场，广告商与有品公司或企业便会赞助我们开发。

2. 有经济能力的家长，请直接购买我们付费的游戏与软件或小额捐款。

3. 有规模与认同我们的作为的企业，可通过捐款成为我们游戏的赞助厂商。

软件截图

比大小

請把手機左右搖晃

你贏了

擠鹿奶

玩家在時間內點擊鹿的肚子以完成擠奶動作，若被鹿發現的話，人會不能動五秒。

40   350

排行榜

170

請輸入你的名字:

Player

	名		分數
3	ddl		710
4	Pl		520
5	Player		510
6	Player		420
7	Play		410
8	Dada		390
9	Qqqqq		340
10	Doll		150

亲子沟通情境

周朝郯子为了医治年老双亲之眼疾，披上鹿皮欲取鹿乳供奉双亲，虽然其孝行可嘉，但有被猎人误杀的危险，倘若如此发生，我想这是天下父母都不愿看到的事。现代的子女若要积极的孝顺父母，应多多与渐渐年老的父母进行家庭户外活动，如爬山、游泳与自行车等亲子活动，增加父母的身体免疫力。

作品实现、难点及特色分析

由于是设计给小朋友玩的游戏，所以用可爱逗趣的画风，而且结合智能手机触控与加速度等功能，增加游戏的互动性与新鲜感。并加入动画故事剧情，使得游戏内容更为丰富，且寓教于乐。另外，为了达到普及国际化，加入了简中、繁中、日文、英文，让用户可以选取熟悉的语言，更能融入故事与游戏中。

作品 6　健康 E-TOUCH

获得奖项　本科组一等奖

团队名称　CYUTIM

所在学校　台湾朝阳科技大学

团队成员及分工

在淳朴的台湾雾峰，一群热爱生命的大学生，在火红的冶炼下，正以认真、肯定地态度，刻下了对人生的承诺，我们来自台湾朝阳科技大学咨询管理系。

洪伟智：影片制片剪辑。

李木信：资料库开发。

丁昱卫：前、后台网站建置。

蔡家铭：导航系统建置、系统开发。

吴秋华：资料建置、文书企划。

指导教师　陈荣静

作品概述

随着科技的日新月异，国人对于个人健康管理基础概念的重视与关心，在健康资料的存储和记录上，开始有即时、便利与简易操作的需求。除此之外，如何能有效地为数据统计与分析，让个人健康管理更健全与完善，成为健康管理所有新思考的议题。

本系统结合动画、数位化、电子化与个人健康管理基础，利用随身手机与无线传输，在不受时间、空间的限制下，随时将饮食与运动卡路里、体重变化等相关数值，在手机上做资料记录，取代传统手抄的不便，并将相关数据传输至网站平台，可做存储与整合的工作；饮食建议的提示功能，能给用户更多安心与适当的饮食选择；面对未知疾病的存在与威胁，疾病介绍能帮助用户对于一知半解的疾病，有更深入地认知；健康导航、临近健身房与公园绿地，能提供地理导向与相关资讯的介绍；医疗机构的搜寻导航功能，能避免当不预期危险发生时，在位置路线的情况下，可能造成的更多不必要的伤害。

从长远的健康规划而论，希望由此系统的协助，能有效地将个人健康管理模式从疾病诊查、治疗提升至预防及保健层级，来改善个人健康生活品质。

作品功能

功能简述	功能描述
网站后台管理	管理会员基本资料、记录等，新增最新消息
服务器端	存储网站和手机上所取用到的各种资料，包含各用户资料和记录
网站前台客户端	新用户注册账号后，就能使用该网站所提供的"卡路里管理"、"起居作息记录"、"服药记录"功能，并且在网络上下载手机专用程序
手机客户端	手机提供了"卡路里管理"、"体重管理"、"饮食建议"、"疾病介绍"4种功能。其中，"卡路里管理"和网站中的资料为公用的，在手机上所输入的数据资料，在网站上也能查询

作品原型设计

实现平台：Android 2.2.1

屏幕分辨率：480×800

手机型号：HTC Desire

软件截图

运动查询画面

BMI查询画面

饮食建议查询画面

疾病简介资料

健康导航功能图

目标咨询查询

作品实现、难点及特色分析

(一) 作品实现及难点

饮食与运动卡路里、疾病资料包罗万象，分类的可识别度，资讯的完整度与正确性，关系着用户对平台的信任度。资料的大量收集与分析，选择较客观且易被广泛接受的来源，可平衡用户对资讯的疑虑。

导航系统庞大的资料易占据系统过多可用资源，市区街道的样貌日新月异，若无法提供用户快速及明确地指示作用，会增添用户搜寻上的困扰。Google Maps 拥有成熟且健全的地图搜寻功能，资讯每年更新一次，且其他商家可向其编辑商家咨询。在系统内结合 Google Maps，除了能让用户快速地查找相关位理资讯，因对外的链接，不会占用平台资料库空间，使平台能更有效地使用资源。

(二) 特色分析

一般用户的资讯取得习惯，即在需求时寻找该项需求以满足。在各个网页间的转换与资料的不连贯通用，易造成资料的分散与统合比较分析的不便，本系统只提供用户个人健康管理整合的相关功能，从事先预防的观念为出发点，提升个人健康管理模式，借以改善个人健康生活品质。

用户输入饮食与运动卡路里相关数据，在手机与网页平台间采用同步存储更新，无论在哪个界面查询，皆不会出现不一致的问题。详细的资料记录，能让用户更了解有关的状态。

身材到底是过胖、过瘦还是刚刚好？体重管理提供了人的 BMI 值检测计算，除了能提示用户目前的体重标准，存储与日后查询的功能，能让用户更加了解自身的体重变化。

饮食习惯的改善，能有效地控制生理上的不良变化。本系统除了建构一般人适用的饮食建议外，更加入了常见需求的饮食建议菜单，满足用户的查询与对相关资讯的了解的需要。

人们因对未知疾病的不甚了解，常使得内心产生畏惧，有时甚至忽略疾病前期所带来警讯，延误治疗的最佳时机。疾病介绍中包含简介、禁忌、饮食原则相关资讯，在预防及保健上，提供对疾病的初步认知。

健康导航功能提供临近健身房、公园绿地与医疗机构之位置指向。对于用户点选的目标，也能显示相关资讯，如地址、电话、网站链接等。

作品 7 导览 E 指通（Free to go）

获得奖项　本科组一等奖

团队名称　IMCYUT

所在学校　朝阳科技大学（中国台湾）

团队成员及分工

黄昱玮：系统地图、平面图功能建置。

沈宏杰：QRCode（Quick Response Code）功能开发。

赖可培：前台网站建置。

苏舜中：语音导览、文书、影片剪辑。

刘育安：系统流程规划、系统开发。

黄新忠：NFC 功能开发。

郑宇哲：后台网站建置。

指导教师　陈荣静

作品概述

随着科技日益发达，手机已经变成不容忽视地必需品，从过去的黑金刚到现在的 iPhone、HTC 等智能手机，让生活与世界同步，无边无界的联络网，使得手机越来越普及化，尤其是智能手机的兴起，让便利性大幅度地提升。同时，用户更方便地知道自己的所在地，以及周边的地理位置，实时熟悉现在的环境及个人定位出发点。

由用户用手机选取预导览的建筑楼层图，透过无线射频辨识技术（Radio Frequency Identification，RFID）的 Reader 读取 tag 信息，将楼层图、语音文件回传至用户的手机中，作为导览之用。也可以利用系统中 QRCode 的功能，由二维条形码的扫描后可以将数据库中的楼层图传至手机，作为导览用途，只要带着手机，随时随地都能达到导览及搜寻的目的。例如，花博导览，使花博与观光客之间能够有效率地了解环境与导览。以上的研究项目即为本计划所要探讨的方向。

本系统也具有实时活动导览功能，用户可以申请活动，在申请程序完成后，所有用户的 APP 都将立即更新此活动，让用户可随时得知最新活动信息。

作品功能

功能简述	功能描述
网站后台管理	管理会员数据、审查用户活动申请数据和 QRCode 卷标申请数据、管理员公告、软件介绍相关数据的增删、修改操作，网站则运行在服务器端上
服务器端	存放 APP 软件、各式区域、楼层数据，以及网站平台和用户的申请数据
网站前台客户端	用户进入网站后，可观看 APP 介绍并且下载 APP，登入会员后可使用进阶功能，例如，活动申请、QRCode 制作，当通过管理员审查后，活动可在 APP 内让所有用户查看到，QRCode 则会被布置在用户所自订的位置，让所有用户皆可读取
手机客户端	进入系统后，用户可查看目前校内各区域所举办的活动，以及查看校内各区域、各楼层平面图信息，当用户扫描校内我们所布置的 QRCode 卷标或是 RFID 卷标时，则会下载该卷标所在区域的信息数据，供用户查看、阅读

作品原型设计

实现平台：Android 2.3.3

屏幕分辨率：≥800×480

手机型号：SAMSUNG Nexus s i9020（适用于屏幕分辨率 800×480，并且含有 NFC 与 SDCard 的手机）

软件截图

即时浏览界面

获取楼层信息

管理平面图

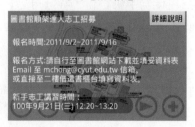

活动说明

作品实现、难点及特色分析

（一）作品实现及难点

目前，智能手机的应用多以便利性、实时性为主要特色。我们所开发的应用必须运用在各种区域（例如，校园、博览会、各种中型、大型区域），所以当场景要变更时，数据必须容易变更、修改，由于场景必须易于更改，所以也增加了程序设计时的复杂度。

一般的导览系统都含有大量的数据（如文字介绍、图片、语音数据），这些数据在智能手机中都是相当地占用空间，由于硬件限制的关系，智能手机并不像台式计算机，有着较多地内存供开发者使用。智能手机的每一支 APP 都有内存容量的限制（SAMSUNG Nexus s i9020 预设内存可用 32MB），虽说可以修改，但是这并不是一个好办法。所以，当在处理取较占用资源的档案（如图档）时，程序设计上必须较为小心，否则，会造成内存不足（Qut of Memery，OOM）的错误。

由于使用我们的软件，必须由无线网络下载数据，如果每次使用都需再下载一次，此时若用户使用的无线网络付费方式是以传输量计费，则须额外负担不必要地费用。在程序设计中，我们顾虑到这一点，所以当用户下载某一数据文件，软件内部发现已有下载时，则无须再次下载，来达到减少传输量。

（二）特色分析

传统导览系统多应在网站上，使得用户不利于随时查阅，目前智能手机的硬设备支持的易于携带的特性，大大增加了其便利性，在软件中我们结合了无线网络、QRCode、NFC，来达到各种导览需求。

以 QRCode 和 NFC 为例，当用户到达某栋大楼前或处室前，想得知更进一步信息时，以传统的网站，只能逐一搜寻页面，无法立即得到所要的信息，当使用我们的软件时，由辨识 QRCode 卷标或使用 NFC 扫描 RFID 卷标时，可以立即得到所要信息，来减少搜寻数据时所花费的时间。

当某校园内某处正在举办一个活动，用户在该校内却不知活动正在哪里举办时，也可以使用我们的软件来搜寻。在搜寻的设计上，可由触控的方式，单击屏幕上任何建筑物，软件则会立即显示该建筑物信息，且可逐一查看该建筑物内正在举办哪些活动。

当校园内有社团想举办活动时，也可以使用我们的网站系统登入会员后去申请活动。通过审查后，该活动则会在活动开始当天，显示在各个用户的软件内，供软件用户查看，活动结束后，用户软件内的该活动则会自动移除。

作品 8 AnswerRobot 电话答录机

获得奖项 本科组一等奖

团队名称 BTBU 软件

所在学校 北京工商大学

团队成员及分工

姜迪威（组长）：主题制定，主要功能设计与实现，代码优化、测试。

刘亚：主要负责软件的界面设计，性能优化，测试，文档编写。

宋健：界面优化，测试。

刘渤：界面审查，测试。

指导教师 李海生

作品概述

随着现今移动平台的发展，手机变得不仅只是一种通信工具，更多地是一种综合了娱乐、办公和网络通信等功能的移动终端机。为人们实现各种各样的功能，满足人们快节奏的生活。

是否有这样一些问题困扰着您：您有很急的事找一个人，而他的手机总是没人接？是否有人给你打电话你不想接，但又不想挂掉得罪人家？您可曾有过开会时手机无法接听的尴尬？我们设计的 AnswerRobot 会帮助你摆脱这些困境。

AnswerRobot 是一款集电话应答、电话录音于一身的答录机软件。这款软件比语音信箱服务方便，也更经济。第一，它是免费的；第二，语音信息是存在本地的音频文件，方便用户随时收听，甚至可永久保存，传到计算机上。

有了 AnswerRobot，就算把手机扔在家里一整天也不会接不到电话；有了 AnswerRobot，当看着电话号码不知道对方为什么打电话时，直接收听录音便可，免去了打回去询问的麻烦。总之，AnswerRobot 就是您电话的小秘书，是您自己手机上的语音信箱。

作品功能

功能简述	功能描述
服务器端	服务端主要用于提供提示音下载服务，以及音频资源分享、软件更新发布等服务

续表

功能简述	功能描述
手机客户端	AnswerRobot 的核心功能，监听电话
客户端前台	客户端前台用于文件管理、用户设置等操作
客户端后台	客户端后台用于监听电话状态、字段接听、录音等功能

作品原型设计

实现平台：Android 操作系统

屏幕分辨率：自适屏

手机型号：用于所有 Android 2.2 的机型

软件截图

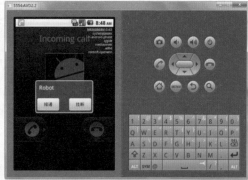

作品实现、难点及特色分析

（一）作品实现及难点

本软件主要基于 Google 的电话服务 API 和录音放音 API，启动方式采用广播式启动，即当有电话打进时启动。

　　主要难点是接电话的模块，用到了 AIDL 隐藏接口技术，调用了底层的接电话函数。在这里卡了很久，查阅了很多资料，最后终于实现了接电话、挂电话模块。

　　另外，广播启动后的线程控制也很让人头痛，有录音线程，有放音线程等。

　　（二）特色分析

　　当有未接来电留言时，屏幕上方会出现本软件图标来提示用户。

　　软件主界面为电话留言列表，简单明了，单击即可进行播放、删除、暂停等基本操作。

　　用户可录制属于自己的个性提示音。

　　用户可以手动设置电话答录机的开关状态、提示音、等待时间，更加人性化和便捷。

　　（三）未来发展

　　变化趋势：向电话通话功能大师发展，管理用户一切通话活动。

　　可加新功能：电话过滤器、通话中录音器、通话背景音及变声器等；增设云端提示音下载服务。

　　本次作品由于时间仓促，只实现了基本功能，将在未来发展完善。

作品 9 智能手势

获得奖项 本科组一等奖

团队名称 神笔部落

所在学校 北京石油化工学院

团队成员及分工

王一民、刘伟、李磊、李海彤：软件需求设计。

王一民、刘伟：主编成员。

王一民、刘伟：界面设计。

刘伟、李海彤、李磊：后期制作。

李海彤、李磊：素材查找。

王一民、李海彤、李磊：软件测试。

袁立桓：画面美工。

指导教师 马莉

作品概述

智能手势软件是一款快捷操作的便民软件，软件是基于谷歌 Android 开发的，是一款根据用户录入的手势进行识别并产生作用的快捷软件。

用户需在之前对各个支持的功能进行手势设置。

主页面为识别界面，该界面对用户操作的手势进行识别。

作品功能

功能简述	功能描述
创建手势	创建手势，用户输入手势时会调用并进行匹配
识别手势	用户输入手势，根据与手势库中手势的匹配产生操作
自定义联系人号码及主页地址	用户设置联系人的号码用于打电话，设置主页地址用于打开网页
显示所有手势	显示用户录入的所有手势与对应功能名称

作品原型设计

实现平台：Android 2.1 以上

手机型号：适用于 Android 系统的手机

软件截图

帮助界面　　　　　　　　　　创建手势

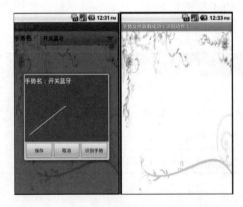

识别手势　　　　　　　　　　联系人设置

手势录入　　　　　　　　　　识别界面　　　　　　　　　　菜单

作品实现、难点及特色分析

（一）作品实现及难点

说起来很惭愧，由于我们对手机数据库的不熟悉，所以，一切记录的方法都是用输入/输出流程来实现的。

在整个程序中，其实遇到了很多的困难，不过现在看看都不值得一提。不过有几个还是很有价值的。

或许是我学艺不精，请不要见笑，Android 虽然有点像 Java，但是 Android 其实还是自己的语言，例如，类型转换（整型与字符串转化，浮点与整型转换等），虽然在 eclipse 里不会报错，但是运行时是会崩溃的，可以说，Android 是不支持类型转换的。Android 的数据传递是最让人头疼的（这个算法的数据传递到下一个算法中去），不过 Android 有一个东西是很好的，就是控件，可以把值存储给控件，然后再通过另一个算法从控件读取。说到这里，还要一提，就是调用其他 XML 里的控件去存储，毕竟用本页面的控件进行数值传递，肯定会出问题。例如，TestView，给了它数值，在界面上它的位置就会出现字符串。当然也可以设置它的宽度为零，高度为零，不过这样会不会出现别的问题就不清楚了。所以为了保险，我调用了其他 XML 里的控件进行存储，称为跨 XML 调用。

代码：final View layout = View. inflate (this, R. layout. dialog_rename, null);

mInput = (EditText) layout. findViewById (R. id. name);

还有一个就是调用内部程序应用（Android 系统自带的程序，如计算器）。

代码：intent. setComponent（newComponentName（"com. android. music"," com. android. music. MusicBrowserActivity"））；

第一个参数是要调用程序的包名，第二个是包名＋主 Acitivity。

还有一点说来更惭愧，就是 Widget 的支持域，这个也是我们的败笔，我们想做成 Widget，但是由于 Widget 的局限，我们失败了。因为 Widget 里面只能用 RemoteViews 来调用控件。

一个 RemoteViews 对象（一个 App Widget）能支持以下布局 Layout 类：

    FrameLayout

    LinearLayout

    RelativeLayout

和以下 Widget 类：

    AnalogClock

    Button

    Chronometer

    ImageButton

    ImageView

    ProgressBar

    TextView

这些类型的子类不被支持。

（二）特色分析

智能手势是一种很特别地快捷操作方式，通过手势来判断要做的事情。

智能手势支持的功能中有一项虽然是谷歌 Android 开发的，但是并没有给用户接口，通过本软件可以看到它。

智能手势是一款很人性化的软件，虽然支持的功能还需拓展，但是该软件的设置为用户考虑的很多。尤其是帮助界面，很难有软件会做得这样清楚，并且智能手势在设置方面给了用户很大的空间，如识别精度。

作品 10　车位预定系统

获得奖项　高职组一等奖

团队名称　3G 在 WO

所在学校　北京北大方正软件技术学院

团队成员及分工

3G 在 WO 团队成立于 2010 年 5 月，成员包括软件技术系、多媒体艺术系等一线优秀人才，致力于 3G 网络 Android 平台的软件开发，以"精益求精"作为团队口号，不断创新和开发。

李宁：项目组长。

宋玮：程序设计。

刘登科：图形界面。

吴岳：信息收集。

指导教师　宋远行

作品概述

目前，3G 手机用户已经突破 4 亿，而且每天都以百万台次增加，我们已经完全进入一个全新地高速便捷信息时代。然而，面对日益拥堵的城市交通，大家在茫茫的车海中，要找到适合自己出行的停车点、停车位，更多地显得无奈！该系统充分发挥 3G 手机的普及率，整合城市停车位资源，编制了一套兼容性很强的 3G 手机预定停车位软件（Parking Finder），方便快捷地引导大家找到适合自己出行的停车位，这对城市管理，解决城市拥堵，方便居民生活及出行，有着非常积极地意义。

作品功能

（一）手持端

利用手机号码和车牌相互绑定，输入车牌号来预定该车所需车位。

设计代码功能强，操作简单，方便用户的一键操作。

界面简洁明快，以 3G 为平台更快地上网预定。

（二）Web 端设计思想

采用 JDBC + servlet 模式访问数据库，可以更好地获取所需的关键字段，从而更便捷

地链接数据库。

数据库采用两表链接，使信息存储更加明确。

软件截图

（一）用户手持端（3G 手机）

主界面

预定页面

信息页面

提交的信息

退订页面 　　　　　 惯用设定 　　　　　 帮助页面

（二）管理员手持端的结构

登录界面 　　　　　 管理界面 　　　　　 查询预定

作品实现、难点及特色分析

（一）实现了项目的产品化

将软件部署到服务器中，添加真实地数据，同时使用装有该软件的客户端手机进行实际操作，成为一项可以使用的产品。

（二）后续版本将实现 GPS 功能

在后续版本中，我们将实现 GPS 定位、导航。使用户打开软件即可在 Google Map 中精确地定位出自己所在的位置，并自动标注显示周围停车场信息。当用户单击标注位置时，能提示出该停车场的车位余量信息，并让用户选择是否预定车位。预定后自动为用户提示用户当前位置到该停车场的导航信息。

作品 11　SOS 救援软件

获得奖项　本科组二等奖

团队名称　Rescuer

所在学校　中国矿业大学（北京）

团队成员及分工

本团队名为 Rescuer，寓意与本软件实现功能相匹配，可以在任意地点将自己所在的位置告知指定人员，从而尽快得到救援。

侣重遥（队长）：承担设置常用联系人数据库设计，地点搜索程序设计。

薛懋楠：承担轨迹记录程序设计，地点经纬度获取程序设计。

刘巍：承担指南针程序设计，救援短信发送程序设计。

王玉峰：承担 UI 界面设计。

指导教师　徐慧

作品概述

2008 年 5 月 12 日，一场空前的地震夺去了 7 万人的生命，约有两万人失踪，由于事发突然，大部分人被埋在倒塌的建筑物中，位置无法确定，这给搜救人员带来了很大地困难，导致一部分人因为没有得到及时救援而失去了宝贵的生命或受到严重伤害。所以在遇到危险时，得到及时的救援刻不容缓，因此，在尽可能短的时间内将自己的位置发送给救援人员至关重要。由此来看，紧急救援软件在实际生活中有很大的应用需求。"SOS 救援软件"弥补了这一空白。

"SOS 救援软件"具有"一键救援"和"自救"两个方面的功能。

软件中的"一键救援"功能可以及时的将求救人员的求救地点名称和经纬度通过短信发送到指定接收人，使救援人员在尽可能短的时间内赶到求救地点，达到快速救援的目的。

软件中的"轨迹记录"功能可以准确地记录行走路线，在陌生的环境中可防止由于迷路而走失。"地址搜索"功能可以准确快速地搜索到指定经纬度的地理位置，并显示在地图上，方便用户快速找到目的地。"指南针"功能可以准确地指示方向，防止在陌生地环境中迷路。这些功能在一定程度上提供了自救的功能。

作品功能

功能简述	功能描述
一键救援	实现救援信息的一键发送。按下"一键救援"键，便可将求救人员所在位置信息以地点名称和经纬度两种形式通过短信息发送给预先设定的联系人（可同时发给多个联系人）。通过收到的经纬度或者地址名称，救援人员可以尽快地找到求救人员，为救援工作争取时间。（短信中地址名称适用于普通救援人员，经纬度适用于专业救援人员）
定位	实现在地图上查找目的地的功能，用户只要输入目的地的坐标（经度与纬度）后，通过定位可以在地图上显示目的地的正确位置
轨迹记录	实现人员移动轨迹记录功能。可为在陌生环境的人员记录所走路线，方便其在迷路时找到起点出发路线，防止走失。当单击"开始记录"时，会在起点注释一个圆点，随着手机 GPS 的改变，会在地图上获得移动轨迹；单击"结束记录"时，会终止记录，同时实时显示移动距离
指南针	具有普通指南针功能，可准确指示方向，辅助救援功能
设置联系人	设置常用救援联系人，可进行添加、删除、更新等操作

作品原型设计

实现平台：Android 2.1 版本（虚拟机上为 Google API 2.1）

屏幕分辨率：$\geqslant 480 \times 800$

手机型号：Android 2.1 以上并且屏幕分辨率$\geqslant 480 \times 800$ 的手机

软件截图

作品实现、难点及特色分析

(一) 功能实现

"设置"功能：本功能为"一键救援"提供常用联系人，通过添加常用联系人，可以使救援短信发送到指定人员手机中。

"一键救援"功能：首先通过软件函数获取到自己所在位置的经纬度，并通过发送短信函数将自己的经纬度与地址名称发送给常用联系人。对于普通救援人员，地址名称为首选。对于专业救援人员，便可通过经纬度信息找到自己。（注：若获取 GPS 信号失败，则短信内容显示"发送失败"或"未知"）

"轨迹记录"功能：打开"轨迹记录"功能就可以选择开始记录轨迹，地图上出现您的当前定位点，以每 2000ms 或每 10ms 记录一次轨迹，然后在地图上自动画出两点连线完成记录。

"定位"功能：通过自己本身的函数，输入经纬度，便可在地图上标示出所属经纬度的具体地理位置。

"指南针"功能：普通指南针的功能，可使人员在陌生地环境下定位方向。

(二) 实现难点

作品实现中的一些难点包括数据库的设计（包括数据的存储、修改与删除）、发送短信和轨迹记录。

发送救援短信：由于本软件需要将 GPS 定位的信息作为字符参数，所以要将定位信息处理。若在获取到定位信息的情况下，将信息直接作为参数；若没有获取到定位信息，则将信息整合为"没有获取"作为字符串参数。

轨迹记录：轨迹记录创立原型来自目标跟踪数学模型的动态簇跟踪算法，即当目标进入监测区域后，开始构造初始动态簇，并在探测到目标的所有传感器节点中选出一个簇首节点。随着目标的移动，动态簇将那些距离目标越来越远的节点删除，并根据预测策略唤

醒目标下一时刻到达区域内的节点加入动态簇。通过添加和删除适当的节点来重构动态簇，可以保证对目标的有效跟踪。再使用概率数据关联方法（PDA）进行数据测试，实验分析，确保对用户进行轨迹记录的准确性和可考性。

（三）特色分析

本软件方便使用，便于携带，随时随地了解自己所在的地理位置，3G 网络分布广大，可以在任意地点获取自己所在的经纬度，若是在外出行，可使家人免担心出行走失，失去联系的情况。

与传统的救援软件不同，本软件基于地点经纬度获取，可以在一个救援软件上实现四个功能：救援短信一键发送、达到地点识别、轨迹记录、指示方向，实现了经纬度的充分"利用"。

本软件基于 3S 模型（即 GPS、GIS、RS）。GPS 是空间定位技术，RS 是遥感技术，GIS 是地理信息系统。三者是在计算机和硬件支持下，把各种地理信息按照空间分布和属性以一定的格式输入、存储、检索、更新、显示、制图和综合分析应用的技术系统模型。基于该模型，实现"指南针"功能、地址搜索、轨迹记录、救援短信发送四项功能。

作品 12　iPhone 留学掌中宝

获得奖项　本科组二等奖

团队名称　BUUmac

所在学校　北京联合大学

团队成员及分工

"留学掌中宝"团队成立于 2011 年 7 月，致力于 iOS 应用软件的开发，以开发出最佳用户体验的移动平台软件为己任，希望开发出更有创意，功能更实用，界面更美观地智能手机软件。

郝凌冰（组长）：软件架构设计，iOS 程序编写。

郭亚勇：iOS 程序编写，报告文档整理。

邱正强：服务器端网站制作，数据库设计。

全娜：UI 界面设计，操作流程设计。

白文致：图标及界面优化，数据收集整理。

指导教师　徐歆恺

作品概述

伴随着海外留学热潮的到来，很多中国的高校学生希望更多地了解国外的大学，为以后出国继续深造做准备。网上提供出国信息的网站非常多，它们为在校大学生提供了海量的留学信息，增加了渴望出国的孩子们的知识。然而，五花八门的海外留学或交流项目让很多学生不知所措，其中，也不乏一些网站利用在校大学生社会经验少，盲目渴望出国深造的心理，提供大量假信息，骗取大学生钱财的例子。

我们这款应用通过后台网站，对海量的信息进行筛选再汇总，传输到手机客户端，为用户提供及时、准确的信息，为他们出国留学提供可靠的信息。同时，软件提供"GAP（平均成绩点）计算"功能，让用户轻松知道自己的 GPA 是否能够达到所要报考学校的要求。

"留学掌中宝"应用软件客户端本地存储部分数据，并以后台网站为数据依托进行更新，以简短精确地信息在 iPhone 客户端向用户展现留学相关的信息，方便快捷，界面美观，可用性强。

作品功能

当 iPhone 手机用户想要浏览查询留学信息时，可以打开"留学掌中宝"软件。为尽

可能减少用户的上网流量，所以大量数据是保留在本地手机上的，仅有当服务器端存在更新数据的时候，才进行下载和同步。

单击"海外大学"按钮，将以列表或地图的方式列出海外的著名大学。当用户点选某大学后，将显示对应的大学详细信息，包括大学的地址、简介、地理位置和住宿等内容，也可以进一步单击浏览该校主页。

单击"排行榜单"按钮，将列出全球海外大学的前 20 名，并可以单击查看其详细信息。

单击"热门专业"按钮，将分别列出各个大洲的热门专业，并可以单击查看各个专业的详细介绍及相关院校。

单击"留学常识"按钮，将以问答的形式列举出留学的常见问题与答案。

单击"GAP 计算"按钮，可以计算海外大学报名时所需的 GAP 成绩（即平均成绩点）。目前，在苹果应用商店尚无含此功能的中文应用。

单击"新闻动态"按钮，将实时从服务器端获取新闻数据并显示。

单击"热站链接"按钮，将列出几个较大且热门的留学方面的网站，用户可以直接单击并浏览。

单击"推荐分享"按钮，则可以将本软件以邮件、短信的方式推荐给用户的好友，并可以分享到多个热门微博和论坛。

单击"关于我们"按钮，列出本项目团队所有成员、指导教师的姓名及主要承担的工作。

服务器端是一个 ASP. NET 的网站，提供 XML 格式的数据接口，方便手机端同步信息。服务器端还具备简单的"数据维护"功能。

软件截图

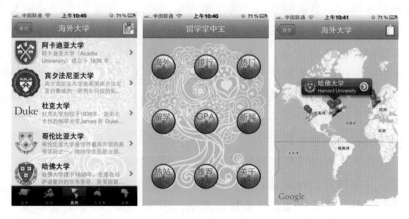

作品实现、难点及特色分析

（一）作品实现及难点

1）海外大学页面列表模式与地图模式的切换

本应用是基于导航的模板创建的，其视图控制器是以堆栈的形式放在一起的，即先出现的导航主页面在堆栈的底层，而单击按钮后出现的页面出现在上层（即 push 方式），再以后出现的页面出现在上上层……，单击"返回"按钮的时候，让顶层的页面出栈（pop）并释放，自然就显示出下层的页面。使用这种堆栈的方法来处理程序界面，十分方便和简单，逻辑性也很强。如图 1 所示的 iPhone 手机自带的设置功能，就是导航堆栈十分典型的应用。

但用堆栈的方式来处理本应用中的"海外大学"界面存在一定的困难，因为根据用户喜好地不同，海外大学界面可能以列表模式显示，也可能会以地图模式显示，根据用户的需要随时切换。如果按照 iOS 默认的方式处理界面，则会出现下列问题：当由列表模式切换到地图模式时，列表模式界面仍处于堆栈之中，而地图模式界面则在堆栈中压在列表模

式界面的上方——这样，单击左上角按钮时，不能直接返回到导航主界面，而是返回到列表模式界面中；反之，由地图模式向列表模式的切换也有此种问题。

图 1　界面与堆栈

我们在徐歆恺老师的指导下，查阅了相关的技术文档，终于找到了问题的解决方案。即在导航大框架下，使用 push 和 pop 语句来实现界面的进栈和出栈操作，但这个堆栈并不是一个严格地传统意义上的堆栈，而是一个堆栈和数组的混合体，所以，可以取得当前堆栈中的除了顶层界面（即列表模式或地图模式的海外大学界面）以外的各个界面，将它们和即将显示的地图模式或列表模式的界面一起生成一个新的堆栈数组，从而取代导航大框架下原本的堆栈数组。例如，由列表模式切换到地图模式的代码如下所示。

```
- (void) ShowMap
{
    MapViewController * map = [ [ [ MapViewController alloc ] init ]
autorelease];
    NSMutableArray * arr = [NSMutableArray array];
    for ( UIViewController * vc in self.navigationController.
viewControllers) {
        if ( [vc class]! = [self class]) {
            [arr addObject: vc];
        } else {
            break;
        }
```

```
    }
        [arr addObject: map];
            [self.navigationController setViewControllers: arr animated:
    YES];
    }
```

使用这种方案,视觉效果和用户体验与普通的堆栈没有什么差异,问题得到了完美的解决。

2) GAP 计算器的实现

GAP 计算的使用是比较复杂的,因为功能中涉及的操作比较多,有数据的添加、删除、修改;单元格的自定义;键盘的自定义等,在这里简单说明一下。

首先是单元格的自定义。对于本功能中所涉及的界面,最合适的控件是 UI TableView,即表格控件,而表格内的单元格应该包含科目名称、学分和成绩三项内容,因而只能以自定义单元格的形式解决。我们创建了新的 UI TableView,在其中添加了对应的标签了三个方框边缘的文本框,如图 2 所示。

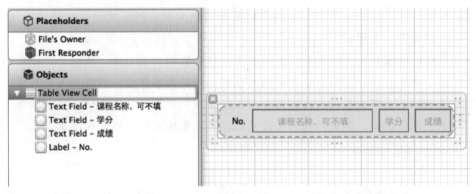

图 2　自定义单元格

在 iPhone 中,单击文本框会自动弹出输入键盘,但键盘本身不具备折叠收起的功能;但如果键盘激活后始终显露在外面,将会遮挡页面中其他内容,不方便用户的操作。如图 3 所示,专门生成了一个工具栏,工具栏中添加了一个"隐藏键盘"的按钮,将键盘的代码写在了相关的方法中。然后再用代码分别设置之前单元格中文本框的 inputAccessoryView 属性为刚才的工具框,就实现了此项功能。

(二) 特色分析

与传统搜索引擎不同,该应用能将留学相关的信息根据整理和汇总显示给用户,而不是相关网页。同时，该项服务提供的信息具有很高的时效性、准确性，能够为浏览者提供较为实用的信息。

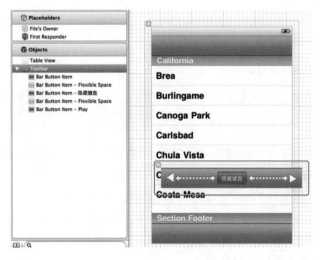

图 3　表格控件与工具栏

作品 13　跳跳乐

获得奖项　本科组二等奖

团队名称　北信通信 0812 队

所在学校　北京信息科技大学

团队成员及分工

王鹏：主菜单的程序设计；游戏画面的动态效果；项目整体框架设计；项目音乐、不同字体的实现。

王祎辰：重力感应模块的实现；游戏结束返回主菜单；主要程序代码编写。

邓凯元：主菜单各个按钮和动态画面的设计；游戏画面的动态效果设计；项目美工。

张馨冉：项目测试文档、进度控制文档等；计分器设计；游戏的进程和主体框架构想；"游戏帮助"、"联系我们"模块设计。

指导教师　李振松

作品概述

随着当今时代人们越来越奔波于工作，过着朝九晚五的人群比重逐渐上升，健康问题日益受到关注。尽管人们开始在自身的健康问题上投资，但是，忙碌地工作还是不能保障每天充足的运动量。为了帮助人们解决这类问题，本软件致力于集健身和娱乐于一身的手机软件，让白天辛苦奔波的人们在家也能健身，既省钱又省时。

本软件为生活在繁华都市的上班一族提供一种集健身、娱乐于一身的全新地锻炼方式。虽然现在的体感遥控器已经走入很多人的生活，但是其价格还是比较高昂。有了这款手机软件，你可以在闯关的乐趣中，轻轻松松在家健身，为广大地女性朋友提供了一种很好的瘦身方法。

作品功能

功能简述	功能描述
音乐功能	在跳绳过程中播放欢快有节奏的音乐利于玩家掌控跳绳节奏和得到心理上的放松
触摸功能	通过点触屏幕来跳绳，难度较低，适于刚接触本游戏的玩家

续表

功能简述	功能描述
重力感应功能	通过上下摇动手机或持手机跳跃的方式操纵游戏中的人物跳绳，适合健身和想尝试高难度的玩家
计分功能	通过记录跳绳的次数让玩家对自己的水平有明确的评估，激励用户超越自己之前的记录，增强游戏的吸引力

软件截图

作品实现、难点及特色分析

（一）作品实现及难点

通过跳的方式控制游戏：手机中的陀螺仪会默认所有方向上的加速度，即如果稍微摇晃就会被判定为一次操作，而在用户起跳的过程中手机避免不了会产生左右摇晃，所以容易造成连跳的操作。小组成员经过讨论后决定将空间三维坐标上的加速度进行取模作为判定条件，这样即使手机在用户跳跃过程中摇晃也不会影响整体加速度的改变。

（二）特色分析

"触"操作：利用手机触摸屏，每当绳子落下，用手指单击屏幕即可完成"跳跃"，适合初次体验本游戏的玩家，使玩家更快地熟悉游戏。

"跳"操作：利用手机重力感应功能，完成"跳"动作。其特色在于手机游戏上并不多见的体感控制方式，既增加游戏的新鲜度，又达到健身锻炼的效果。

作品 14 民族日历

获得奖项 本科组二等奖

团队名称 中央民族大学新星队

所在学校 中央民族大学

团队成员及分工

团队人员来自信息工程学院通信工程系、电子信息工程系和计算机科学与技术系。所有队员均获得过专业奖学金，专业知识扎实，很好地掌握了通信信息和编程技术。新星队成员均熟悉 Android 编程环境，使用时间超过 6 个月。同时，队员都有很强地创新意识，在大量地实践实习中也积累了很多经验。

高原（队长）：人员协调、Android 编程（日历首界面与查询功能）、文档撰写。

杜丹丹：Android 编程（日历）。

刘梦：Android 编程（总体框架）、美工设计、代码整合。

刘钰：Android 编程（闹钟、记事本功能）、文字资料收集、文档撰写。

指导教师 程卫军

作品概述

随着无线通信技术的发展，特别是移动通信业与互联网的融合，极大地推动该领域产业的发展。3G 网络的商用，电子行业的技术发展又同步促进了移动终端设备——3G 手机的发展。3G 时代带来的不仅是技术的演进和服务的丰富，更重要的是产业格局和游戏规则的变迁。3G 的移动运营商对手机提出定制要求，终端厂商必须根据运营商的要求，将运营商特有地网络业务相关的应用内置到通用型手机上。

日历是每个人必备的工具，以前的日历只是简单的查阅日期、农历阴历、汉族节日，考虑到现代人的需求，我们把记事本、闹铃等功能添加了进去。由于在民族大学学习，我们发现人们对民族节日知识的普及还是不够，于是我们用 java 语言编制了一个有民族特色的日历软件，这个软件可以帮助人们普及民族知识。同时进入软件的界面具有名人名言提醒功能，这无疑升华了人们的思想。

作品功能

功能简述	功能描述
名人名言学习功能	进入日历运行程序，每次首界面都会随机显示名人名言，3秒后自动跳转到日历界面
日历功能	显示当天日期，同步显示各民族传统节日；单击某一天可编辑当天的记事本
闹钟	一般闹钟功能，用户可对其进行设置
记事本	选择任意一天，对当日的日程、日记、心情等的记录
查询	选择任意一个民族，可查询其民族的传统节日简介
更换皮肤	可更换不同风格的手机皮肤

作品原型设计

实现平台：J2ME

屏幕分辨率：≥320×480

手机型号：适用于装有 JVM 并且屏幕分辨率≥320×480 的手机

软件截图

作品实现、难点及特色分析

（一）作品实现及难点

民族节日日期收集与显示：中国 56 个民族，节日众多，难点是有的民族节日是按照本民族自己的日历来规定的，因此无法确定其公历日期。对于这个难点，目前的解决办法是不断升级版本，人工进行添加。

（二）特色分析

与传统日历不同，本日历同步显示民族节日，并提供对各民族节日简介的搜索，通过日历这一款最常用的软件达到了对民族文化宣传的目的。

功能齐全：除了具有传统地日期显示之外，另外，还有名人名言学习、闹钟、记事本、更换手机皮肤等功能。

作品 15　手机活点地图软件

获得奖项　本科组二等奖

团队名称　Googol

所在学校　北京科技大学

团队成员及分工

团队名称源于 Google 公司创建之初曾经想到的名字。团队由一名 2008 级，两名 2009 级学生构成，主要分工如下：

贾宁：服务器端的构建、测试、云平台测试。

张岩昊：手机端构建、测试、展示视频制作。

闫悦：界面绘图、图片设计、整理文档。

指导教师　洪源

作品概述

现实生活中，时常会遇到人们准备见面时却总是难以描述自己所在的地方，而在不熟悉的环境下更是难以寻找到准备见面的双方。我们希望有一款软件可以解决类似情况下的用户定位问题，便于用户寻找好友、定位好友。

与此同时，在社交网站盛行的今天，社交网站的普遍实名化使得虚拟的网络世界同现实世界间的距离越来越近。类似 Twitter 的网站使得用户组织集体活动、朋友聚会更加容易，我们的软件使得用户的聚会变得更容易，可以方便地看到朋友们即将要去的地方，拓展了原有社交网站的功能。

本作品以盛行一时的《Harry Potter》系列小说及其电影中的魔法活点地图（The Marauder's Map）为原型，用户界面仿造原型中的羊皮纸风格，友好、美观。同时，在《Harry Potter》系列作品，以及电影的影响力下能够吸引较广泛的用户群，给用户带来独特的体验。同时，由于借鉴了社交网站的模式，使得作品不仅仅是一个地图，而且能够实现类似社交网站的功能。

作品功能

（一）功能性特征

实时建立动态圈子及动态个人账户；时刻显示圈子内用户方位及行走路线；对指定用

户进行查找及精确定位；时刻显示圈子内用户自定义的状态及将来的去向；建立群组，便于管理、交流及保密。

（二）非功能性特征

友好的 UI 交互设计及用户体验；系统具有较高精度及更准确地定位。

作品原型设计

实现平台：J2ME

屏幕分辨率：≥320×240

手机型号：适用于装有 JVM 并且屏幕分辨率≥320×240 的所有手机

软件截图

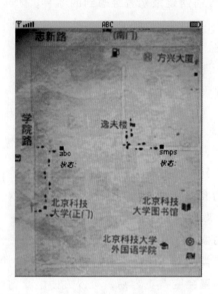

作品实现、难点及特色分析

（一）作品主要实现技术

1）手机定位技术

系统采用 Location API（JSR 179）提供的接口进行定位开发。Location API 是一个可以与不同地定位设备协同工作的接口。这样的通用接口可以使用户获得地理信息通过多种可用的源设备。接口可以通过设置要求定位速度和定位精度选择定位方法。Location API 提供了接收一个设备的地理位置的 Criteria 类，从而为基于位置的应用程序开发提供支持。为支持 Location API，最基本地平台需求是 CLDC 1.1 和 MIDP 2.0。主要步骤分为创建 Location Provider 实例，注册监听器，获取位置信息。

2）CS 通信技术

系统采用 javax. microedition. io 提供的 HTTP 的链接服务实现 Http Connection 有三个状态：设置状态，链接状态和关闭状态。具体使用方式：创建并设置一个指定 URL 和 POST 方式的 Http Connection。传输数据，关闭链接。

3）图形界面技术

通过 GPS 得到的信息为一个字符串。首先要对该字符串进行操作，用字符串拆分方法将该字符串中代表用户名称、经度和纬度的三个字符串读出来。实现一个继承 Canvas 的类，该类会自动执行 paint 方法，将地图和读出的 GPS 信息转化为表示为每个人的一个点，然后画在 Canvas 画布上，形成最终用户看到的界面。同时运用到了线程技术，每隔 2s 自动更新一次该群组中所有用户的信息，如果用户位置有一定的移动则还会显示出该用户的移动路径，通过画上一串"小脚印"表示出来。这样就可以看到梦幻般的"活点地图"效果。

（二）特色分析

本作品的两大难点便是 GPS 信息引入和图片的绘制，而这也恰恰是我们的亮点和特色所在。

1）GPS 特色

GPS 信息已经在人们日常生活中得到了广泛地应用。尤其是在车辆导航、搜索位置、远程遥控等方面都非常重要。现在的手机也大多拥有 GPS 信号接收模块，在室外无干扰的地方可以快速、精确定位到自己所在的位置。但目前市面上的手机、导航软件都只是读取本机 GPS 信息，与朋友之间缺少相应地交互。我们将 GPS 信息和互联网相结合，拓宽了社交的范围与维度。在一个动态群组中大家可以时刻了解到对方的位置，无论是青年人的社交活动，还是老年人更多的的寻路帮助，都可以起到十分重要的作用。

2）图片特色

为采用 Harry Potter 中活点地图的风格，我们把原有的地图结合现有的羊皮纸元素，通过调整透明度实现活点地图的风格。据此实现良好的 UI 界面，带给用户魔法梦幻般的体验。

作品 16　味蕾天堂

获得奖项　本科组二等奖

团队名称　Paradise

所在学校　北京城市学院

团队成员及分工

韩天驭：核心代码的编程，架构整合，调试程序。

周亚鹏：部分核心代码编写及整体 UI 设计。

郑雪文：UI 设计，页面的排版设计和一些控件代码的编写。

尹艺：美工，图片的处理及美化。

指导教师　郭乐深

作品概述

《味蕾天堂》项目的内容确立是由我们 Paradise 开发小组多次会议讨论而制定的，在这期间，开发小组成员们做了大量地市场调查，调查当中我们发现，如今越来越多的人不会做菜，或者做的不漂亮，由此，我们想用一款可爱又不失风趣的软件吸引大家，让大家都爱上做菜，享受做菜过程中的乐趣，并享受生活。

我们的参赛作品为《味蕾天堂》，这是一款以可爱风格为主线的做菜软件。作品的亮点在于启动软件时设计了开始动画，有普通模式和解谜模式，图片的动态移动效果等。在整个构造中，玩家在享受视觉效果的同时也激起了玩家解谜的乐趣。在图片的动态移动中，我们采用了走廊式的图片移动效果，增加了整个作品的视觉效果，同时也增加了作品的趣味性。作品中的素材制作以可爱风格为主，适合各类人群，并且看起来非常舒服，给大家带来轻松的感觉。

此外，作为一款做菜软件，我们也希望展现出一些与现今做菜软件不一样的特色。相比市场上的这些主流做菜软件，我们所开发设计的这款软件更注重的是做菜过程中的互动，而不是死板的贴出做菜流程，从而忽略用户的使用感觉。而且，我们也在线更新菜谱，让更多地人融入进做菜的乐趣中，我们更注重分享而不是一味地单方面发布，这样让软件更具有积极向上的意义。因为我们觉得分享更能得到快乐，选择积极向上的软件，人们也会被感染，这样软件才更有实际意义。

作品功能

功能简述	功能描述
解谜模式	单击解谜模式，出现五个谜题，依次解开，获得不同食材，从而得到传说中的第六个菜谱
普通模式	单击普通模式，出现五个菜谱，可随意单击进行制作，制作完成后可生成最终效果
UI 设计	舒适、得体、可爱的 UI 设计，以及简单易行的操作
界面跳转和图片显示	渐入渐出的界面跳转和图片显示效果，增进了用户的体验

作品原型设计

软件实现平台：Android

屏幕分辨率：大于 360×640

手机型号：支持 Android 2.1 的手机

软件截图

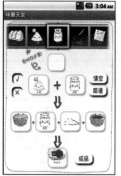

作品实现、难点及特色分析

（一）作品实现概要及详细步骤

整个软件包括普通和解迷两大模式，普通模式的每一道菜根据菜谱可以做出，解谜模式是通过依次解得谜题从而获得第六道菜谱的食材。

在 Android 系统主菜单里有一个名为"味蕾天堂"的程序，单击进入，首先是进入主界面，里面含有进入按钮和小组信息的画面，单击进去后有两种模式的选择：一是具有解谜风格的菜谱模式，进入后要依次解开五个谜底，答对后，依次出现五个食材，最后跳入到解锁后的最终菜谱栏查看隐藏菜谱，这点也是作品的一个创意和亮点，我们设置的谜题都是比较简单易答的，因为我们的目的不在于考验玩家有多聪明，而是希望能带给玩家趣味性和小小的成就感，同时激发出玩家的一种冒险精神，从而更好地吸引玩家的目的。二是直接查看菜谱模式，进入后就是纯菜谱形式，共有五个菜谱可供挑选，单击后进入到下一页面，可以从画廊里面先后挑选两类菜品，将这两张图片移动到相应的位置，搭配后，经过操作，可以完成一道菜的制作。

两者都有从一个画廊里面获得图片并移动到相应的位置的动作，然后像公式一样，有加号、等号，最终形成菜谱，并可以预览。

（二）难点分析

画廊 gallery 的无限循环显示，以及每一张图片的显示。

逻辑性代码的编写。

onTouchEvent（）事件的用法。

activity 页面转换效果。

线性对话框的创建，items 单击事件的参数代表含义。

简单拼图的实现对页面布局的实现。

数据库的游标问题。

作品 17 Yogabeat

获得奖项 本科组二等奖

团队名称 P. v. Z.

所在学校 北京信息科技大学

团队成员及分工

翁武毅：互动代码编写。

王峰：可视代码编写。

李晓天：资源搜集整理。

王振铎：文档整理设计。

指导教师 王亚飞

作品概述

随着现代生活节奏的加快，城市白领在高强度高压力地工作下，身体、心理情况堪忧。很多人面对压力所采取的缓解方式是寄情于电子产品，例如，玩电子游戏，或看电子书籍，或享受影音娱乐等，然而能够真正锻炼身心的，如打太极拳、练习瑜伽等方式，却往往被白领阶层以时间不够为由予以拒绝。

本项目 Yogabeat 的创意即来源于上述情况，针对现代城市白领阶层亟需锻炼而又无暇前往健身场所的境遇及对电子产品的喜爱，Yogabeat 为白领及瑜伽爱好者们提供了随时随地学习瑜伽、练习瑜伽、锻炼身心的机会。

作为一款应用类手机软件，Yogabeat 以体感类的休闲健身为特色，有效地把瑜伽动作和人体有机地结合起来，相对于市场同类产品的单调乏味，我们的应用在传统观摩学习瑜伽的基础上主打用户体验功能，利用重力感应使用户在游戏氛围中检验学习成果，做到学以致用，真正的锻炼身心。Yogabeat 对于用户而言，就像是一个贴身瑜伽教练，用户不仅会得到教练"言传"，还会得到教练"身教"，会在游戏中学习瑜伽、练习瑜伽，让游戏带着您一起做瑜伽。

瑜伽是梵文"YOGA"译音，意为"加法"，有"结合"、"连接"的意思。它的含义是把思想和肉体结合至最佳状态，把生命和大自然结合到最完美的境界。正是看中了练习瑜伽对平和心境及梳理形体的显著作用，Yogabeat 中对基本瑜伽姿势予以介绍及相应图片展示，让用户真正理解瑜伽的真谛。

作品功能

功能简述	功能描述
展示功能	通过相应文字表述与图片展示向用户展示瑜伽基本动作要领
触摸功能	在游戏中的每个按键上都加入触摸功能，使用户仅用手指点触的方式就能进行操作
重力感应功能	在 Practice 选项中用户可以通过重力感应操控界面中的指示条及指示点

作品原型设计

应用实现平台：IOS

屏幕分辨率：最大 960×640

终端型号：支持 IOS 平台的终端（iPad、iPhone、iPod touch）

软件截图

作品实现、难点及特色分析

（一）创意难点

鉴于市面上同类瑜伽健身类产品众多，为彰显我们 Yogabeat 的独特之处，经过前期小组讨论，我们将自己作品定位为体感类瑜伽健身应用。利用重力感应设计一款小游戏置于应用中，使体验者在简单了解过部分瑜伽动作要领后，能够及时以游戏方式加以练习，高效而不失趣味。

（二）技术难点

技术实现上，主要有以下三个难点：

（1）如何使用苹果提供的 API（接口），调用底层硬件——加速计。

（2）苹果对已封装好的 GUI 类——Navigation controller、Toolbar controller 及 View controller 如何实现。

（3）如何解决软件内存泄露问题——软件本身带有诸多影像、声音、视图，占用过多资源，而终端资源有限，通过随时调用 release、autorelease 语句实现。

（三）特色分析

本软件与其他瑜伽应用软件的最大不同在于增添了 practice 选项，使用户能够边学边练，在游戏氛围中掌握瑜伽动作技巧，同时锻炼身心，释放压力。

正如前文可行性分析中所讲，App Store 里针对瑜伽的应用很多，但都是以文字、图片或视频演示为主。用户往往只看不用，没有达到程序设计初衷。

我们的特色恰恰在于完成我们的设计理念与设计定位——体感互动类健身瑜伽应用。在传统文字、图片讲解基础之上，加以重力感应类小游戏作为体验环节，让用户切身体验瑜伽学习效果，在趣味游戏中练习瑜伽，锻炼身体。

我们的应用决不仅仅让用户耳听目看，而是让用户真真切切体验，全身而动，在游戏中锻炼身心。

作品 18　Core Circle

获得奖项　本科组二等奖

团队名称　WooCore!

所在学校　首都师范大学

团队成员及分工

团队名称是"WooCore!"，之所以取这个名字，是因为它能够恰当地与我们团队的设计理念和作品相吻合：以"我"为核心，以人为核心，我们相信"科技始终来自于人性"!

我们的团队成员均是首都师范大学信息工程学院的学生，分别来自计算机科学与技术专业、计算机科学与技术（师范）专业及软件工程专业。我们因为共同地爱好聚在一起，组成了我们的移动应用开发设计团队。我们的团队成员各自有着不同地兴趣方向，这给我们人员分工提供了便利，并为最终能够完成作品奠定了基础。

团队的小组长万虎，平时关注于现代互联网，Web 2.0 及移动互联网等新兴技术与概念，对社交网络的概念有一定地了解，认可科技以"人"为核心的设计理念。在这次的应用设计中提出了软件设计方向——围绕核心社交圈进行探索。在软件的开发过程中，负责了软件的获取通讯录并进行统计，提醒服务及后台数据库操作的实现。

团队成员文滔，来自软件工程专业，热衷于编程，有着扎实的编程基础，并且关注编程背后的哲学。在此次应用开发中，针对核心社交圈的提出了具体的实现方式——基于通讯录和通话记录。在软件开发中负责用户引导的设计，以及对统计结果进行后期处理的实现，完成了拨打电话模块的功能。他还负责整个应用最后的集成工作。

团队成员洪雪琳，喜欢一切美的事物，对用户界面设计、用户体验和交互设计有着独特地见解。在应用开发的过程中，她负责了软件界面设计和美化的工作，提出了展示效果的方案，并编程实现了统计结果的可视化展示。实现和扩展了用户交互方面的工作，为软件带来良好地用户交互体验付出了不懈地努力。

团队成员周邦，有扎实地数学基础，同时学习哲学理论。在软件的设计过程中为我们的理论基础提供了系统的支持。在应用开发过程中，他对我们如何将有限的信息转化成可以衡量地标准作了深入地思考，并提出了通话记录可计算化的具体算法，在设计中充分考虑了提醒功能的设计，展示的效果等情况，为软件的核心功能提供了可行的设计。并为软件的引导设计了合理的问题。

指导教师 骆力明

作品概述

您是不是和我们一样，QQ中有百十个好友，人人网中有从小学到大学的同学，微博中有数百个粉丝，在飞信中有许多的联系人……，虽然有这么多的社交圈子，有时候却在热闹过后的那一刻突然觉得缺少了什么？您是不是和我们一样，有时候想找个倾诉的人，翻遍通讯录却不知道该给谁打电话？您是不是和我们一样，担心紧张地学习、繁忙地工作让我们忘记给最亲密的亲朋好友送去一个小小的问候？

如果你和我们一样，希望在博客、微博、SNS等应用之外找到一个应用，它只属于你和三五个无话不谈的亲朋好友，那么Core Circle属于你，它将协助你区别对待社交圈子，关注于"紧密联系"的核心社交圈；如果您和我们一样，崇尚简单和减法，希望删繁就简的沟通交流方式，那么Core Circle属于你，没有"Like"，也不需要"@"，它简单到只有一种交流方式——打电话。

Core Circle是一款基于通讯录和通话记录等现实生活元素的核心社交圈增强应用。

Core Circle是一款结合核心社交圈的相关理论知识而设计出的系统地帮您巩固并拓展核心社交圈，集提醒、反馈、娱乐等诸多功能于一身的软件。我们力求营造一个您和最亲密朋友的交流空间及在可靠关系中最亲密朋友之间的价值和乐趣。

Core Circle的引导程序会在初次使用时协助您从通讯录中挑选出和您关系最紧密的6个联系人构建您的核心社交圈，并根据您和圈中的人的通话次数，通话时长，通话频率等通话历史记录进行统计分析。当发现您在一定时间内与圈子中多数好友都没有直接地通话时，Core Circle会提醒您需要和圈子进行良好地互动。在您使用Core Circle的时候，它会将您和圈子中不同人的联系紧密度情况反馈给您。在以您为核心的雷达图中，用不同层次同心圆来表示您最近和不同人联系的紧密度。Core Circle的"手气不错"具有推荐功能，会尽可能地给您跟圈子中每个人进行电话交流的机会。如果平时给属于圈子中的联系人打电话的次数比较多，那么该联系人被推荐的机会相对较小，相反如果您一直没有和圈子中某些联系人打过电话，那么该联系人被推荐的可能性就相对较大。当然推荐功能的自然随机效果，会保证圈子中的所有人都可能被随机抽到。推荐程序会将推荐的结果展示给您，并直接给他们拨出电话。点一下，手气不错，沟通无限！

作品功能

功能简述	功能描述
核心社交圈构建引导	在用户初次使用软件时，通过提示信息引导用户理解软件设计理念，从通讯录中筛选出核心社交圈的联系人，初始化软件用户列表
提醒功能	软件会在每天的固定时间启动一个简单地服务，获取核心社交圈中的全部联系人各自地联系紧密度，并折合成相应的分数，并判断每个人是否达到分数下限，从而判断是否提醒用户和他交流。当需要提醒的联系人达到一定数目，则启动提醒，此时，在用户的手机状态栏会显示 Notification 提醒，并引导用户运行该软件
联系紧密度展示	用户在运行软件时，软件会读取数据库中核心社交圈中联系人的分数统计结果，然后在界面的中部呈现出一个雷达图，用户位于雷达图的中心位置，然后按照 1~8 分的分值将代表圈子中联系人的彩球分布在不同层次的同心圆上，并显示相应联系人姓名。用户摇动手机会使彩球在屏幕上随机散开，可以通过触摸屏幕让小球停止并恢复成雷达图，当用户单击"手气不错"后会小球会动态地缩放展示出来
更新联系人	当用户运行软件后，可以按下手机菜单键，在菜单中找到添加、替换和重置圈中联系人的功能。添加功能用于用户选择的人数过少，可以在软件中直接添加；替换联系人功能可以替换部分已经在圈子中的联系人；重置全部联系人会引导用户重新选择圈子中的联系人
点选联系人拨号	当用户运行软件，在主界面单击代表核心社交圈中不同人的彩色小球，会将推荐的联系人的电话展示给用户，用户可选择给他们拨打电话
用户帮助	提供基本的使用帮助

作品原型设计

应用实现平台：Android 2.2 及以上版本操作系统

屏幕分辨率：480×640

手机型号：安装 Android 2.2 及其以上版本操作系统，屏幕分辨率不低于 480×640 的手机

软件截图

作品实现、难点及特色分析

（一）作品实现、难点

　　按照功能描述，作品实现了核心社交圈初始化、后台统计分数、提醒、联系紧密度展示、联系人推荐功能这五大主要模块。我们在实现的过程中主要在以下几个方面做了很多的工作，解决了很多的难点问题。

1）核心社交圈的初始化模块

这个模块只是简单地引导用户选择 6 个联系人，然后执行将联系人的基本信息存入数据库的基本操作。但是问题不仅仅出现在技术层面上。例如，开始时用户不清楚软件的具体形式，意识不到选择联系人后带来的影响。为此，我们设计了可以在主程序中进行替换联系人的操作。另外，考虑到不同用户的通讯录中人数有很大的不同，参考现实生活中的实际情况，平常人的平均联系人都是 100 多位，要从这些人中让用户筛选出 6 个人，并且是用户核心社交圈中的人是很难的。首先，排除一些因为工作原因联系及陌生人，逐渐挑出关系较好地联系人，但是到最后到底谁是核心社交圈中的人并没有完全明确清晰地概念，这个就要靠用户的理解了。当筛选到最后，从 10 个人中删去 3 个人这样的步骤时，需要用户作出艰难地决定。除了最常见的情况外，当用户的联系人过少时，不能采用一步步提醒的方式进行删除式筛选，需要直接选择，并且步骤也需要重新设计。

2）后台统计分数

后台统计分数这个模块涉及读取用户通话记录，并将通话日期、通话类型、通话时长等作为参数，计算出一个位于 27～41 分的分值（下面会讨论）。有一个问题是什么时候获取用户的通话记录，如果设计为每天或一个固定的时间段查询一次通话记录，会出现的问题是如果在两次统计之间用户删除了通话记录怎么办？我们决定在每次通话结束后，就启动统计服务，然后再具体判断是否需要统计。判断电话状态可以通过调用系统的 android.telephony. PhoneStateListener 中的 onCallStateChanged 来监听挂机状态，当确定挂机后启动统计服务。但是，Android 操作系统对电话的状态的定义只有 CALL _ STATE _ IDLE（等待）、CALL _ STATE _ OFFHOOK（接听）、CALL _ STATE _ RINGING（响铃 / 来电）。这里不能够直接获得挂掉电话的状态，直接使用 CALL _ STATE _ IDLE 是不对的，为此，我们通过设置标志位判断电话从 OFFHOOK 状态转换到 IDLE 状态时判断为挂掉电话。由于 Android 系统将通话记录写入数据库本身需要操作，因此，需要设置一个短暂地延时来等待。由于我们使用的 Listener 是系统的常驻服务，这就保证可以在电话状态改变时就能够启动独立的统计服务，无须时刻开启软件。

3）分数的设计

最终展示给用户的统计结果是一个 1～8 分的数据，如何根据用户的联系度进而转换成确定地可衡量地分数是我们设计中一个重要地考虑。应用基于用户的通话记录，而根据通话记录能够获得的数据仅仅有一些联系人的信息，以及通话日期、通话时长、通话类型（接听、打出、未接）信息。我们需要通过这些简单的信息尽可能准确地来衡量用户和核心联系人之间的联系紧密度，并且需要能够体现联系人与用户紧密度之间变近变远的动

态。我们参考学校对学生进行综合测评时将不同地评价标准按照不同的权值进行计算的方式，我们给不同电话类型确定了不同的权值，给不同通话时长固定了相应的权值。考虑到时间的动态变化，我们按照用户同某一联系人两次通话之间的时间间隔来权衡具体得到的分数，减少某一次通话对用户总得分带来的巨大波动。统计最终分数在上次分数得分的基础上添加本次通话的得分。而为了能够得到动态的变化分数，每天会定时运行服务给每一个联系人减去固定的分数，这样，如果长时间没有通话记录，就会使得分变得更少，触发提醒操作。分数是默认初始化为33，分数提醒下限27和分数上限41，这里的设置考虑到提醒周期，用户联系周期等具体的情况，经过计算得出。我们将27～41按照相应的梯度转换成1～8的联系紧密度。

4）提醒和推荐算法设计

我们在每天运行一次检测提醒服务，检测用户得分，如果小于设计的分数提醒下限，会记录成一次提醒，算为一次通话，加上相应的奖励分值，这样既可以保证能够持续地进行提醒，又可以保证在用户通话后分数可以回升，而不是仍然处于提醒线下。

推荐模块主要是考虑到尽可能地让用户能够给圈子中的每个人都能有电话交流的机会。如果平时给属于圈子中的联系人打的电话比较多，那么该联系人被推荐的机会相对较小，相反用户一直没有和圈子中某些联系人打过电话，那么该联系人被推荐的可能性就相对较大。我们将用户得到的分数，即联系的紧密度再次进行转换，转成相应的需要联系的程度，同样是1～8分。推荐功能为了达到一定的不确定的效果，添加了随机，在按照需要联系的程度加权的基础上保证圈子中的每个人都可能被随机选到。这给用户带来了独特的体验。

5）界面显示与交互

这个部分的设计目的在于美化界面，增加视觉效果，产生更好地互动。整体软件背景采取简约活泼大方的风格，做到一目了然而又不单调乏味。为了更好地展现核心社交圈的理念，更加直观地表现出来，我们用不同颜色的小球代表不同的人物，其中红色为用户本人。为了将软件执行逻辑更好地表现出来，我们用小球的运动与排布来与用户进行进一步的互动与交流。首先，其中一个重要地问题就是根据用户的操作来结束并开启一个新的操作，即获取用户操作，因此在写代码时，每一个操作都要留出相应的接口。其次，在图形的绘制及运动方面，为了避免重绘给软件带来过多负担，让程序变慢。单独开启了一个线程来单独控制小球的重绘，从而实现了小球的运动、暂停、随机选择及最终结果的选定这几项基本操作。

小球运动的难点，一方面在于判断小球是否运动到屏幕上边，如果是，则反向运动；另一方面在于小球运动的随机性。小球停止运动的难点，在于要调用函数分析好友情况，获取好友分值及姓名，然后根据分值排布到相应的位置。随机选择的难点，在于通过图形将随机一词展现出来，增强视觉效果，这个效果的实现又遇到了重绘问题，即不断地按照要求重绘，最后停在结果上。主要操作就是这些，当然还有菜单选择，帮助选择等，让用户能够更好地使用该软件。

（二）作品特色

1）简明地初始化引导

我们特别设计了软件初始化时对用户引导工作，既能够让用户理解我们软件的设计理念，还能够帮助用户方便的导入需要的信息。通过引导，让用户不会面对软件不知所措，从而产生良好地用户体验。

2）充分利用系统功能

我们充分利用系统提供的关于电话操作、通讯录和通话记录等基本功能，结合社交网络的相关理论，从而能够围绕核心社交圈这一概念进行设计，开发能够维护和增加核心社交圈的应用。我们对系统广播、常驻服务的使用在满足功能需要的基础上最大地降低系统开销。软件还利用系统的加速感应器，来摇动手机使小球散开，实现动态效果。

3）可信的衡量算法

我们利用基本的通话记录信息，通过我们的算法将其转化为可以衡量用户联系紧密度的依据，这些算法的设计充分考虑了用户体验，现实生活的社交原理，从而能更加准确地实现既定的功能。

4）独特用户界面和交互体验

在我们将结果反馈给用户时，进行了美学设计和用户体验设计，将联系人紧密度同可视化界面有机的结合起来。软件启动动画在加载软件时提供了良好的体验；在动态的效果中展示我们的分析结果；随机散开的彩球，变换的雷达图，以及随机的操作都能够给用户带来良好地互动体验。软件的提醒功能体现出我们设计理念中以人为中心的思想；软件设计过程中，我们斟酌标准文本元素的使用，精心设计每一个用意非凡的对话框，对Wording（措辞/用语）部分进行特别地设计，保持一致性，保证精准地表达，让产品拥有性格。

作品 19　MagicEyes

获得奖项　本科组二等奖

团队名称　NermalWorks

所在学校　北京信息科技大学

团队成员及分工

王补平（组长）：创意与需求的提出，框架的搭建，人眼检测与跟踪算法的实现，功能的整合。

彭宇文：主界面功能的实现，换肤功能的实现，Menu 功能的整合，软件测试。

杨婉秋：Menu 基本功能的实现，美术制作，文档编写。

指导教师　王亚飞

作品概述

据美国在 2011 年 3 月对全球手机操作系统的一项调查显示：Android 系统以 37％的用户占有量成为了目前全球最大的智能手机操作系统，这也意味着 Android 时代的来临。就手机每天的使用情况而言：32％ 用于打电话；9％用于收邮件；12％用于网页浏览；47％用于休闲娱乐，这意味着手机早已成为了人们日常生活的必需品。就手机软件市场而言：曾经被业界认定无前景的手机应用软件，随着开源时代的到来，竟成了移动通信产业链各巨头的"新宠"。每天数以百计的软件上架，什么样的软件才能吸引广大用户的眼球呢？

用"眼球"吸引眼球。

MagicEyes 是一款娱乐休闲软件，通过手机后置摄像头对用户的眼球进行检测与跟踪，通过人眼的转动控制手机屏幕上卡通眼的转动，使用户拥有一双神奇的眼睛。当用户将一只眼睛对准手机后置摄像头后，摄像头会对人眼瞳孔区进行识别定位，得到定位反馈后用户便可随意转动自己的眼球。随着人眼的转动，屏幕上显示的卡通眼球也会随之转动起来。用户还可根据个人喜好选择眼睛样式及眼球运动模式，从而产生不同的搞怪效果。此款软件在娱乐大众的同时，还能促进操作者的眼部运动，起到缓解眼部疲劳的作用。

作品功能

功能简述	功能描述
MagicEyes	用户将一只眼睛对准手机后置摄像头后，摄像头对人眼瞳孔区进行识别定位，得到定位反馈后，用户通过自己眼球的转动带动屏幕上卡通眼的转动
换肤	用户可通过音量加减键，或通过菜单中的"皮肤选择"更换自己喜爱的皮肤
眼球运动模式	用户可通过菜单中的"转动模式"，选择卡通双眼通向转动或相对转动
更多皮肤	用户可通过菜单中的"更多皮肤"链接到MagicEyes官方网盘，进行更多皮肤的下载

作品原型设计

实现平台：Android 2.1 以上

屏幕分辨率：320×480 或 480×800

软件截图

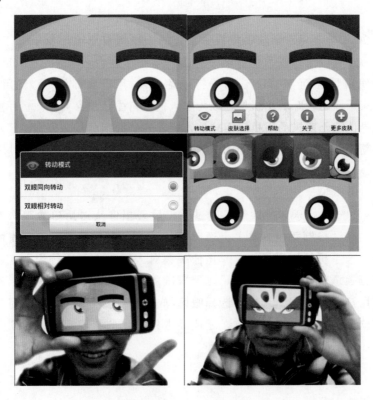

作品实现、难点及特色分析

（一）作品实现及难点

1）人眼检测

利用 AdaBoost 算法实现人眼检测最大的难处在于分类器的训练。一套好的分类器需要上万个人眼样本，需要几天的程序运行时间来完成。我们采用 OpenCV 中美国密歇根大学提供的已经计算好的人眼分类器，对摄像头捕获的数据进行检测，达到了非常好的效果。

2）人眼跟踪

我们针对软件功能的需求，提出了一种模糊的黑眼球定位算法。首先，将检测到的人眼矩形区域图像大小、比例归一化，排除眼睛大小对结果的影响。由于该图像在人眼检测的预处理过程中已经进行灰度化及直方图均衡，因此，可以忽略光线环境的影响（极端环境除外）。其次，根据给定阈值对该图像二值化，得到黑白图像，该图像有一个显著的特征，就是黑眼球部分黑色像素十分集中，其余部分基本为白色。最后，利用积分图找到黑像素最为集中的区域，标定出来，矩形的中心即为所求点。

3）效率问题

由于 Android 应用程序采用 Java 编写，效率不高，我们将所有人眼检测与跟踪的算法使用 C 语言与 NDK 实现，通过 JNI 提供给 Java 端调用。对于检测代码，我们进行了编译器级别及算法级别的优化。在测试机为 HTC Desire 的情况下，整个视频捕捉、处理、人眼检测、人眼跟踪算法，可以保持 12fps 左右的帧率，达到实时的要求。

（二）特色分析

如今，苹果 AppStore 及 Android Market 上有创意的软件不计其数，给后来开发者施展想象力的空间越来越小。在这样的前提下，一款从未出现过的、有趣的软件是弥足珍贵的。MagicEyes 就是这样一款软件。既让用户觉得十分有趣、互动性好，给给用户带来了欢乐，独一无二，让人耳目一新。

MagicEyes 融入了京剧这一独特的中国文化，将广大的京剧票友纳入了用户人群。圆了他们的脸谱梦，不必请专业的人士为其画脸，强大的皮肤库为用户提供各种人物的脸谱，如同随身携带着专属于自己的化妆师，随时随地，想唱就唱，说变就变。MagicEyes 不是一张普通的脸谱图片，票友们在演唱的同时，可利用自己的眼睛控制脸谱的眼睛，达到形神兼备的效果。

MagicEyes 以其独特的操作方式——人眼控制，以"眼球"吸引广大用户的眼球。MagicEyes 是一面眼睛可控的电子面具，与普通面具相比，环保的同时，更增添了娱乐性；娱乐的同时缓解了眼部疲劳，保护了视力。

作品 20 美食达人

获得奖项 本科组二等奖

团队名称 梦之队

所在学校 首都师范大学

团队成员及分工

邵岩飞（组长）、杨丽馨、魏艾文：负责 Android 界面设计、代码编写工作。

邵岩飞、谭旭、张天宇：负责需求分析、文档编写和软件测试工作。

指导教师 骆力明

作品概述

随着手机终端越来越智能，很多体现手机终端优势的软件层出不穷。我们也看中手机的这个特点，研发了一款能够体现互联、移动、社交的软件——美食达人。

"民以食为天"是中国的一句古语。现在有很多的商家为了吸引顾客，纷纷推出"优惠券"。然而很多消费者却不知道优惠券的获取手段或者获取起来非常麻烦。还有的人经常会遇到出门旅行，却找不到熟悉餐厅的尴尬。"美食达人"正好能够为人们解决这些问题。

它将搜索引擎，GPS 定位结合起来，为人们提供优惠券搜索和下载，搜索附近店家的服务，满足了人们以上的需求。而且它还将现在非常流行的微博整合在一起，使用户在用餐后实时发表自己的心情，分享自己的用餐感受。

现在市场上也有同类的软件，例如，大众点评，布丁优惠券等。"大众点评"软件更多的侧重于菜品的点评和餐厅的搜索，"布丁优惠券"更多的侧重于优惠券的下载。而"美食达人"结合了两者的亮点，既有优惠券搜索下载的功能，也有搜索店家添加分享心情的功能，将美食应有的功能进行一体化。图 1 所示为功能一体化流程图。

图 1 功能一体化流程图

"美食达人"另一个易用性体现是用户群广。它面对的是用餐大众，不分年龄、性别，只要是有优惠券搜索和下载，餐厅搜索地方，分享心情需求的用户都可以使用。对于某一特定群体，它的实用性体现的更加充分。例如，现在的大学生们经常出门吃饭，优惠券对于他们来说是非常实用和经济的。对于一些出门在外的人，店家的搜索显得人性化，这也充分利用了移动终端的移动性。对于大多数人来说，微博分享是一个点评食物和分享心得的好途径，也充分体现了互联和社交的特点。

作品功能

功能简述	功能描述
讨价还价	用户可以通过此功能搜索自己需要的优惠券，并将其下载到手机上。除此之外，我们还提供了搜索周边的附加功能，可以帮助用户迅速的获取所选优惠券可以使用的餐馆具体坐标位置。避免找不到美食场所的尴尬局面
饭后余聊	用户可以通过此功能将自己使用本软件的体会、优惠券的使用心得等内容发布到微博，从而实现签到、分享、社区的功能
搜索周边	用户可以通过这个功能实时获取周边的信息，包括公交车站、餐馆位置等所有信息
关于我们	用户可以通过这个功能了解我们的开发团队的联系方式

作品原型设计

实现平台：Android

屏幕分辨率：854×480

手机型号：适用于 Android 2.2 平台以上的且分辨率为 854×480 的手机

软件截图

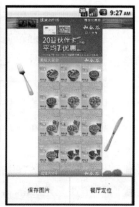

作品实现、难点及特色分析

本作品开发基于 Android 平台，IDE 选用较为流行的 Eclipse 环境。软件部分功能基于百度 API 和部分微博 API 并根据官方所提供的开发平台文档进行再开发，使之符合用户基本需求。其他功能则使用 Android 平台的包文件进行开发，使得功能得到进一步的融合。

在开发过程中，遇到的最大难点就是 Force Close 问题。Eclipse 在开发 Android 应用中并不能对 Android 程序进行有效的断点跟踪调试，只能通过 LogCat 工具对其进行代码追踪，定位到出错代码的行数上。虽然这样看似降低了调试难度，但是 Android 应用不同于为电脑开发应用程序，因为我们需要核查每行代码。Android 除了具有和 Java 一样的 Java 文件，还有一个记录页面布局和权限的 XML 标记文件。任何一个环节出现问题都可能导致严重的错误，因此，在遇到 Force Close 时，我们往往需要很长的时间去定位错误。但是我们通过专业的测试工具及详细的编码规范和测试约束，使得我们能够最终完成测试任务，达到用户的需求，克服软件开发过程中所遇到的难点。

本产品的特色在于，它不仅仅是一款优惠券下载软件，更是一个符合 3G 时代、移动终端计算机的互联网结晶。比较同类产品，我们增强了其功能，使其融合 SNS 社区理念，GPS 定位功能。使其无论在什么地点都能迅速响应，分享自己的心得体会。我们称其为圈现象，而圈现象更是在 3G 时代得到了巨大的应用。因此，我们将本软件定位于一个具有圈现象的智能互联网软件。做软件就要有创新，而我们的创新除了上述所说的紧扣时代主题，移动互联的功能创新之外，更多的在于实用。如果说什么才是创新，那么我们认为，一款实用且符合时代特征的产品就是创新。新颖的产品并不是最好的产品，只有实用，比同类产品更具时代气息的产品才是最好的产品。而这就是我们美食达人软件所要提倡的理念同时也是我们产品独一无二的特色（其他特色详见其他补充部分）。

作品 21 校园 MicroPhone

获得奖项 本科组二等奖

团队名称 建院 micro 队

所在学校 北京建筑工程学院

团队成员及分工

团队取名"建院 micro 队"。"micro 队"的意思有两重。一重是因为我们只是众多学计算机的学生中很小的一批，尽管我们很渺小，但是我们也有自己的梦想，梦想着研发出自己的软件。再有就是借用 microsoft 的名字，希望我们的团队可以发展壮大。

技术工程师：刘超。

特点：爱钻研，尤其是对技术上的难题，韧劲十足。对问题的理解能力也超出常人许多。喜欢涉足新的技术领域，接受新技术相当快。对项目的分析，架构也相当严谨。

分工：主要负责前期项目具体功能的实现和一些复杂的业务逻辑，对项目的性能考虑全面。后期能不断对项目进行合理的优化，使项目运行相当的流畅，过程中能够应用新技术。对整个项目有极大的热情。

技术工程师：韩骥祥。

特点：阳光少年，风趣幽默。喜欢涉足新的技术领域，接受新技术相当快。对项目的分析，架构也相当严谨。颇有大将之风。

分工：主要负责后期对项目进行合理的优化，使项目运行相当的流畅，过程中能够应用新技术。对整个项目有极大的热情。

技术工程师：赵骏。

特点：做事勤恳踏实，爱编程，爱软件。

分工：主要负责后期对项目的测试。对整个项目有极大的热情。

文档编写：周文祎。

特点：思维活跃，经验丰富，创新能力强，有很多独特的创意，对市场需求有着敏锐的洞察力。

分工：项目的发起人，对项目的可行性和市场前景分析做过充分的考虑。负责项目里面界面的布局和绘制、一些人性化小控件的设置、项目具体功能的制定、项目后续版本的制定和版本更新进度的把控。

指导教师 刘亚姝 马晓轩

作品概述

你也许有人人网的账号，你也许有新浪微博的账号，但是现在，一定要再拥有一个校园 MicroPhone 的账号。校园 MicroPhone 针对每所高校，拥有了 MicroPhone 的账号，就等于拥有了校园的信息网，通过学号的注册，确保校园 MicroPhone 里的每一位同学都是该校的学生，并且确保是真实姓名作为用户名。

校园里，每日每时都有新闻发生，但是若大的校园，你又如何知道校园的另一角，此时在发生什么精彩的事情？学生会开始招新了；校园东角的桃树开花了；环能学院的承载力大赛出结果了；女生宿舍 6 号楼楼下的母猫又生小猫了。有些新闻，也许你就是目击者，掏出手机，按下快门，记录每一个精彩瞬间，上传到校园 MicroPhone，与好友分享。

当然，你可以通过它分享心情，分享奇闻，分享经验。实名制的校园范围可以作为一个很好的消息途径。老师通知学生，可以通过对学号的筛选来发送通知等。

每天睡觉前，躺在床上，掏出手机，就可以看到今日在校园里发生了什么，不管你有没有亲眼或亲身经历，你都可以知道今天一天的校园动态。MicroPhone 讲述着校园的每日精彩，就仿佛通过一个大大的麦克风来传递声音，传递消息。我们生活在校园中，新闻来源于校园中，你听到的，你看到的，是最真实的校园，多个角落的缤纷同时呈现给你，这就是你生活的校园，这更是你的生活。

校园 MicroPhone 是一款社交类的软件，它可以使用户能及时与好友分享身边的新鲜事，状态，日志等。这样，即使很久不见的好友和同学也不会因为时间和距离变得生疏。

作品功能

功 能 简 述	功 能 描 述
更新心情	"MicroPhone" 在设计和实现上，可以使用户能及时的更新心情，状态
发布尔日志	"MicroPhone" 使用户可以把日志、文章等快速发布到 "MicroPhone"
照相	"MicroPhone" 用户可以使用手机自带的照相功能，把身边的所见记录下来，传到相册中
最近访客	"MicroPhone" 用户可以看到最近都有哪些好友关注你
好友列表	"MicroPhone" 用户可以方便地查找自己的好友和管理好友，如删除
日志列表	"MicroPhone" 用户可以查看自己上传过的日志，并且可以删除、修改
相册列表	"MicroPhone" 用户可以创建相册，上传照片，这样方便管理自己的照片之类，好友可以访问你的相册，查看用户上传的照片，同时用户也可以修改相册的权限，使得不是每个用户都可以查看自己的所有照片，这样保护了用户的隐私

作品原型设计

实现平台：Android 2.1

屏幕分辨率：320×480

手机型号：适用于 Android 2.1 及以上版本且屏幕分辨率为 320×480 的手机

软件截图

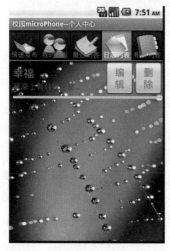

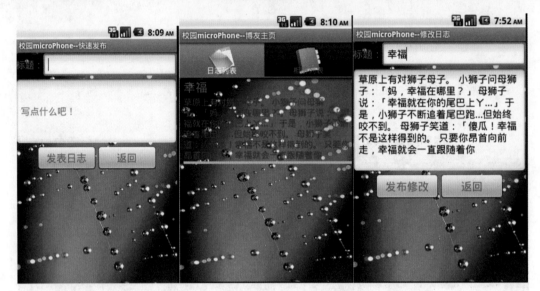

作品实现、难点及特色分析

(一) 作品实现及难点

Socket 通信问题："MicroPhone"是一个 C/S 模式的软件，这自然就牵扯到了通信问题，查阅大量资料后，我们最终采用了 Socket 机制来解决通信问题。Socket 提供双向的、有序的、不重复的数据流服务，比较适用于大量数据的传输。但是，Socket 要求通信双方必须建立链接，存在一条通信路径，虽然这需要较多的网络信道开支，但是保证了准确无误的信息传送。

信息存储问题："MicroPhone"的用户信息都是存储在服务器端的数据库中，而不是存储在用户自己的手机中，这种做法可以节省用户手机的资源。我们用到了"云技术"，把数据存储在网络中服务器的数据库中，这样，不但能保证用户信息的完整性、保密性，而且安全、稳定。

(二) 特色分析

Socket 通信：与传统的 HTTP 通信相比，HTTP 通信中客户端发送每次请求都需要服务器回送响应，在请求结束后，会主动释放链接。要保证客户端程序的在线状态，需要不断的向服务器发送链接请求。Socket 机制可以满足这个要求，Socket 机制即使不需要获得任何数据，客户端也保持每隔一段固定的时间向服务器发送一次"保持链接"的请求，服务器在收到请求后对客户端进行回复，表明知道客户端在线。若收不到请求，则认为客户端下线。

作品22 亲

获得奖项 本科组二等奖

团队名称 源代码

所在学校 中国矿业大学（北京）

团队成员及分工

吴垚（队长）：对整个软件的开发进行整体上的分工，监督整理各个队员工作的完成情况，并定期地进行开会讨论，解决出现的问题，在整个团队中起关键纽带作用。

许天然（程序员）：负责软件核心功能的实现，如数据库操作、网络操作等。需要具备较强的编程能力，对功能的实现起关键作用。

张文轩（程序员）：负责软件界面布局及相关开发。

郑文昊（UI 设计）：负责根据软件功能和界面布局进行合理的 UI 设计。

史玲娜（文档写作）：主要负责开发过程中资料的整理和相关文档的写作。

指导教师 徐慧

作品概述

在这个智能手机普及的年代，人与人之间的交流很大一部分借助于手机通信。朋友之间通过手机可以缩短彼此的距离，可是你有没有在乎你平时最关心，或者平时最关心你的某一位或者几位常常联系的人呢？

我们这款软件，能非常直观地将平时你生活圈内的联系人按照联系的亲密程度筛选出谁最关心你，你最关心的或互相关心的朋友们，同时也会提醒你那些被遗忘很久没有联系的朋友，让你在朋友圈中活跃起来。平时多联系，才能保持朋友间的距离。同时可以将排名上传至网上成为你与好友间友好度的铁证。

为此，我们开发了一款基于 Android 手机平台下的应用软件——"亲"。它是基于手机通信记录的短信数量对通话联系人进行好友评定（如谁最关心我，我最关心谁，双向关心）的一款软件，并且能将评定结果以图片形式发布到社交网站上，满足了大学生社交的心理需求。与此同时，"亲"软件还能根据用户自定义话费的形式简单统计本时间段的话费，既便捷又实用。

作品功能

功能简述	功能描述
好友星级	该功能可以列出好友联系紧密程度的排名。根据主动联系我的频度评出"最关心我"、根据我主动联系的频度评出"我最关心"、根据所有数据加权值评出"双向关心"（核心功能）等，对每个好友进行紧密联系程度的评定，用星级标定
分享好友	用户通过软件对好友进行紧密度排名后，可以导出好友星级排名的图片，上传至社交网站。筛选前三名，可以分享到微博、人人网等进行好友间的互相比对
资费估算	用户通过给定的通信话费参数，软件自动算出大概的开销，供用户参考，并根据话费作出饼形图，以更加直观的方式展示本段时间内的消费情况
参数设置	用户根据当前运营商话费情况设置话费参数，以精确计算话费总额。同时也可以夸张地设置参数，例如，每分钟通话 2 元，每条短信 20 元等，作为娱乐的一种方式
一键电话、短信功能	用户可以选择经常不联系的好友一键电话、短信，快捷、方便
踢出伪友	有些人虽然经常联系你，但可能不是你的好友（我们称为"伪友"），就可以踢出去。例如，你的老板或者辅导员
通话详情	计算所有通信数据，简单统计每个好友与用户的通话情况，并根据亲密程度，适时提醒好友经常联系
刷新数据	用户可以手动选择是否刷新已有的好友排名数据，刷新前为上一次好友紧密程度排名结果，刷新后为当前阶段好友紧密程度排名结果

作品原型设计

实现平台：Android 2.1 操作系统及以上

软件截图

作品实现、难点及特色分析

（一）作品实现及难点

获取手机本地的通话日志及短信信息后，应用数据库的操作对好友进行不同选项的排序、插入、删除等一系列操作。

根据用户自定义的参数，根据参数合理估算出通话费用。

根据图像处理的原理，对通话费用作出饼形图及获取好友排名的图片形式的信息。

利用3G网络的高速数据上传特性，及时快速分享好友排名照片。

（二）特色分析

根据通信时间对通讯录好友的各种评定，提醒好友保持联系，可以分享到社交网站。

话费统计根据用户自定义的参数（如每条短信0.1元，每分钟电话0.1元等）计算，更加精确。

双向好友的等级评价根据打入和拨出电话的所占权值计算而得，对双向好友的等级排名更加精确。

提示语言的运用更加符合大学生生活，贴近青年。

用户自定义刷新数据。

作品 23 旅游向导系统

获得奖项 本科组二等奖

团队名称 冬之伊甸

所在学校 北方工业大学

团队成员及分工

我们是北方工业大学代表团，由马东超老师指导，强传生、鲍蕾、孙媛、张吉祥负责开发。

陈东河、李西诺、闫红艳：概要设计文档。

陈东河、李西诺：代码编写及功能实现。

闫红艳：服务端搭建。

李西诺：界面代码整合。

闫红艳：界面美工处理。

陈东河：操作说明文档。

指导教师 马东超

作品概述

此系统开发的目的是为团体旅游成员提供一个方便快捷的交流沟通平台，通过该系统，导游可以随时联系所带的团内成员，及时发布临时通知，并且随时可以查询锁定成员所在的具体位置，游客随时随地通过该系统上传分享旅游过程中所拍摄的风景名胜，做到使旅游不仅能够享受个人的所见所闻，同时能分享他人的乐趣，使旅游项目能跟上新科技的步伐，在高科技的硬件平台上发展得越来越好。

作品功能

（一）联系人管理

显示用户通信组（支持组的折叠），组内成员，成员基本信息等。

导游能对游客进行分组，添加、删除游客的相关信息，同时，游客可以及时看到成员变动信息，达到数据同步。

（二）GPS 定位

用户通过该功能可以随时看到整个小组和单个成员所在的具体位置，实现及时确定位

置的功能，便于安排下一步的计划。

（三）旅游协同通告

游客可以通过该应用给多人发送类似即时消息的信息。例如，在某时、某刻、某处集合。该消息的特殊性在于发件人可以通过该应用知道哪个成员浏览了该消息，并且能看到接收者的回复信息，以及哪个成员未看到消息。该信息的特殊性满足了人性化设计及对旅游系统设计的特殊性。

（四）风景共享

当游客观光某风景处时，可以通过该应用上传他们看到的美丽风光，以便让他人确定要不要来此处观光。该功能的实现，可以让游客避免遗漏景点留下遗憾，达到风景共享的目的。

作品原型设计

本系统基于 Android 2.2 的硬件平台，例如，HTC 手机、联想乐 Pad 等移动终端设备。安装之后单击相应的系统图标，就可以显示系统的登录界面，进行需要的系统操作。系统在基于 Android 2.2 版本的移动终端平台上开发运行，借助于 Java 开发平台，以 JDK－6U10 为支撑，依赖 Android sdk8.0 及其以上版本和基于 Eclipce 的 Android 开发插件 ADT。

软件截图

作品实现、难点及特色分析

　　由于经验不足，系统后台服务器的搭建工作量比较大，此系统是通过 3G 和 WLAN 方式实现的，网络的好坏直接影响系统的功能实现。

　　此系统的特点有三点：一是导游和成员之间的及时通信、公告通知的接收状态和回复情况在系统中一目了然；二是小组和其所属成员的位置显示，在联系人管理界面方便查询；三是风景共享的实现，满足了旅游视界的开阔和乐趣的共享，做到让游客可欣赏到更多更美的旅途风景。

作品 24 嵌入式系统应用于安全门锁

获得奖项 本科组二等奖

团队名称 魔法一点通

所在学校 建国科技大学

团队成员及分工

朱飞豪：嵌入式系统 ARM 开发板软件设计，驱动电路设计，报告书撰写。

林佑豪：比赛作品硬件设计，报告书撰写。

吴锦泓：嵌入式系统 ARM 开发板韧体设计，报告书撰写。

指导教师 吴志宏

作品概述

在科技日新月异的发展之下，智能生活到来，电子设备越来越进步且功能强大，出门可以不带钱，但是绝对不能忘记带手机。手机的发展从当初的呼叫器只能接收信息到中后期可以通话、玩游戏、听音乐，再到现在智能手机能够连接到互联网与全世界网络接轨，电子技术可以透过数字 IC 芯片进行传递信息，与银行结合用电子钱包进行网络扣款，以及行车导航地点查询等。

本作品将电子门锁与智能型手机进行结合，开发出一套双重安全机制的门锁系统，作品第一阶段需要以智能手机出厂内码由应用程序通过 USB 接口与嵌入式系统 ARM 板进行连接，第二阶段通过嵌入式系统 ARM 板的触控面板进行密码输入，成功输入将关闭电子锁功能，打开房门；若错误输入将持续紧闭房门。

本作品有两项优点，第一为减少携带钥匙及专用遥控器；第二为两道安全锁作为防盗机制，增加了用户居家的安全性。

作品功能

本作品最大功能是用智能手机与嵌入式系统平台构成两道安全防盗锁。通过 USB 接口传输用户手机的出厂编号，核对第一道密码锁，成功核对后进入第二道键盘锁，可在程序中设置 4 位数密码，正确输入密码并确认后即可开启电子锁。

开发分为两个方向：软件程序和硬件设计。

软件程序

使用 Eclipse 通过装载 Android SDK 仿真器建立项目，于 XMLlayout 建构输入时要有

12 个按钮键盘图标（GridView）、显示文字（TextView），建构完 UI 接口后，另一项重点是与中间硬件层的连接，通过 NDK 进行上至 Java 应用层，下至操作系统控制硬件的驱动程序连接，并封装为同一项目。

硬件设计

在硬件上，除了使用嵌入式系统开发板（Mini6410，见图 1）所建构的 GPIO（见图 2）、LCD（见图 3）、USB（见图 4），另外，还需一组驱动阴极锁（Electric strike）驱动电路（见图 5）。

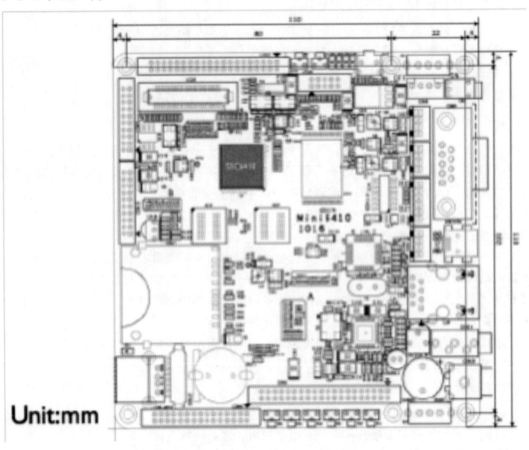

Unit:mm

图 1　Mini6410 开发板原理图

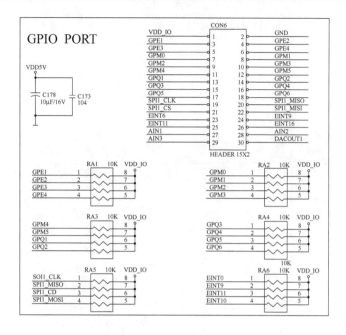

图2　Mini6410上的GPIO原理图

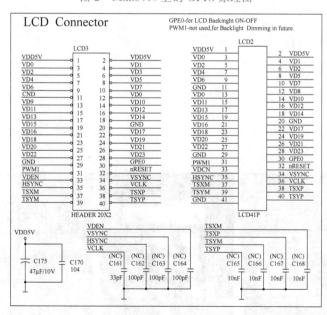

图3　Mini6410上的LCD原理图

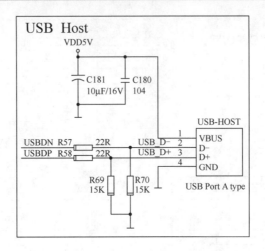

图 4　Mini6410 上的 USB 原理图

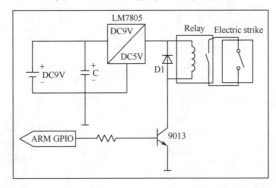

图 5　驱动阴极锁（Electric strike）之驱动电路图

设备截图

作品实现、难点及特色分析

本系统将手机与 USB 接口连接，即可以用手机自身原始出厂编号作为密码，由内部判断是否为许可的用户手机，后续由 ARM 开发板的 LCD 显示密码键盘，输入四位数密码，如输入超出所设定之密码，则会显示"Cannot input more passwords!!"，失败输入时，则会显示错误提示信息"your input passwords are error，close the door"，正确输入密码时，显示信息"your input passwords are correct，open the door"，本系统中密码键盘为了能够更进一步提高安全性，每一次开启程序时按钮顺位皆为不同，此设计更提升防盗锁的安全性能。

作品 25　基于 GPS 定位的圆明园公园导览系统

获得奖项　本科组二等奖

团队名称　lllrw

所在学校　北京林业大学

团队成员及分工

"lllrw" 设计团队是由北京林业大学信息学院数媒和计算机专业的学生组合而成，成员都是在各专业成绩名列前茅的优等生，学习刻苦，勇于钻研，将手机 GPS 定位导览与独具圆明园风格的媒体展示结合起来，运用 Android 开发技术，设计制作一款应用性极强的圆明园公园导览系统。

任梦琪：数字媒体艺术专业，负责手机界面整体风格的设定，界面及图标的设计与制作。

王佩倩：数字媒体艺术专业，负责手机界面及图标的设计与制作。

刘晶晶：数字媒体艺术专业，负责媒体资料的整理与部分界面和图标的制作。

李瑾：数字媒体艺术专业，负责部分界面交互的设计与实现，以及媒体资料的整理。

李杰：计算机应用技术，负责系统核心功能和界面交互功能的实现。

指导教师　罗岱

作品概述

我国的公园个数非常之多，包括森林公园和遗址公园等，初步统计，北京市区大大小小的公园就有 20 余座，加上郊区的话就有 70 余座之多。在观光旅游与市民休闲度假的选择中，公园是一个非常重要的主题。由于森林公园的范围一般相当辽阔，景点也相当丰富且多样化，倘若游客不能实时由公园导览系统指引，势必很难体验整个公园的全貌，这会让人感到非常遗憾。再加上许多遗址公园，例如，圆明园、颐和园、故宫等每一处景点、每一栋建筑都会有它的故事，如果游客没有跟随旅游团，只是自己游览的话，是无从了解的，这就使得旅途的乐趣少了许多，或许游览过后都没有什么深刻的印象。因此，在做了上述背景分析之后，觉得开发一个公园导览系统是非常必要的，实用性也很强。

手机在现代人的生活中是不可或缺的，基本是人人一部手机，加上 GPS 全球卫星定位在手机上的应用，在手机上实现这样一个导览系统，技术上和实用价值上都是非常可行的。

我队此次的参赛作品是 Android 系统上的基于 GPS 定位的公园导览系统，利用全球卫星定位系统实时获取手机当前位置的 GPS 坐标，游客拿着手机在公园中游览，当走到景点的 GPS 检测范围内时，自动播放景点介绍录音，这样的自动化智能设计使得游客只需要带着耳机，不用对手机进行任何操作，就可以在进入一个景点范围时，收听这个景点的介绍，是非常方便游客游览的，同时界面上显示该景点介绍的图片和文字信息，游客如果需要也可以查看。还有一些附加的便民功能，单击"服务功能"按钮，可以进入服务界面，界面上有餐饮、租船处、书店及卫生间等信息，单击进入可以查看这些服务信息的地图。

本款软件可以应用于任何一个公园，在这里，我们选择了圆明园遗址公园来设计制作，界面的设计运用了许多圆明园的标志性建筑元素，融合了许多中国传统美学元素。整理了大量的圆明园公园的资料，包括一些文字、图片等，图片中包括每个景点的水墨复原图，让游客不仅看到现在的残垣断壁，还可以一览圆明园昔日之胜景，这无疑是游客旅游体验的又一大提升。在以后投入市场广泛应用时，可以做一个功能相同的通用版本，或者由需要提供该款软件服务的公园来支持有各公园特色的导览系统软件设计。

作品功能

功能简述	功能描述
开机欢迎界面	开机显示软件的名字，图标等，单击进入景点检测界面
选项卡的切换	有景点列表、景点介绍、所有景点、Google Map
景点检测	用户手机开启 GPS 功能和 GPRS 流量功能时，自动进行 GPS 坐标检测，并将检测到的坐标与数据库中各景点的坐标进行比对，返回该景点的名称，在列表上显示景点名称，当只检测到一个景点时，直接进入景点介绍的界面，当检测到大于一个景点时，等待用户点选后，进入该景点介绍界面。 该界面还设计有"所有景点"的按钮，单击后可以显示该公园所有景点的列表，用户也可以自己选择想要查看的景点
景点介绍	介绍该景点的信息，包括多张图片，可以选择其中一张图片查看，以及该景点的文字介绍信息，同时在进入该界面时自动播放该景点的语音
选项卡	可以在景点列表、景点介绍、所有景点及谷歌地图四个界面之间进行切换
景点图片展示	用户可以放大缩小图片进行查看
播放器	在景点介绍及服务信息界面上都设计控制语音的按钮，有播放和快进、快退功能，用户可以自行控制语音的播放

续表

功能简述	功能描述
检测到景点后提示用户	在景点介绍界面上设计有一个小灯笼,当检测到新景点时灯笼就开始闪烁,同时发出类似于 QQ 消息的提示音,提醒用户到达新景点
服务信息	在播放器栏,有服务信息的按钮,提供附近餐饮、书店、租船处及厕所的地图信息,可以方便用户
所有景点列表	所有景点列表显示该公园的所有景点名称,游客在这里可以自行选择想要查看的景点
足迹(已游览过的景点)	在已游览过的景点的名称后面会有一个足迹的标志,表示已游览过

作品原型设计

实现平台:安装配置有 Android SDK 和 ADT 的 Eclipse

屏幕分辨率:480×800

手机型号:适用于 Android 系统的分辨率为 480×800 的智能手机(我们的测试机是 HTC G12)

软件截图

作品实现、难点及特色分析

（一）实现及难点

1）核心功能设计实现及难点

与以往的导览系统不同，利用手机自带的 GPS 功能定位当前游客的坐标位置，通过匹配坐标调用相应内容。用户打开软件或后台运行软件后，软件系统自动获取坐标进行匹配，将调用的景点信息介绍内容显示在界面上并播放语音导览内容，整个过程可设置全自动或半自动。简化了用户的操作，使用户在游览的过程中更便捷地获得所要的信息。

在实现这个核心功能的时候，需要测量景点的 GPS 坐标，我们想了很多方法，试过带着手机去实地测量，这样得出的坐标比较精确，但是这种方法不适合大规模使用，需要测量的景点很多。查询了很多资料，最后安装了一个 Google Earth，从 Google Earth 地球卫星地图上取各个景点的坐标，这样比较方便可行。

2）辅助功能设计实现及难点

开发帮助游客更好游览的辅助功能，为游客提供公园地图，根据游客当前 GPS 坐标显示当前所在点在地图上的位置，同时提供周边景点、商店及公共厕所的信息指南。同样基于游客当前 GPS 坐标，提供具有互动性的印章功能，标记游客所到过的景点，增加了游客攻城略地的满足感，也使软件更具有趣味性。

3）公园的选择及媒体信息的整理

这款软件在公园的选择时，我们选择了遗址公园圆明园，在圆明园的景点介绍上，我们查找了很多资料，如圆明园原貌图，游客游览古迹的同时还可以一览圆明园盛极之时的景象，不得不说是许多游客都很感兴趣的。在游览遗迹的同时还可以同时一览圆明园盛极之时的景象，这无疑是对于游客游览体验的的又一次提升。

在媒体信息整理方面，新圆明园公园导览系统基于圆明园悠久的历史背景和丰富的史实记载资料，参考《圆明园胜景》，精确细致地描绘出圆明园概览地图；根据《圆明园遗址公园导览》一册，整理了圆明园的各个园区和相应的重要景点；结合空前震撼的史诗电影《圆明园》、圆明园遗址公园官方网站 www．yuanmingyuanpark．com，以及《圆明园百景图志》，综合整理了圆明园遗址公园相关介绍景点的历史、典故，同时整合了资料里的图片，呈献给游客每个景点的遗址图、复原图等，选取每个景点的基本信息和有趣的历史故事，通过优美、清新的女声中文导览解说和浑厚、纯正的男声英文导览解说，为游客提供可选择的双语导览语音解说；此外，通过小队成员多次对圆明园遗址公园的实地考察，结合《圆明园导览及复原图》，了解、记录了圆明园遗址公园内相关的周边服务和餐饮、公共厕所位置，将其应用于圆明园公园导览系统中，为游客提供游园之外的人性化指南和服务。

4）界面设计难点

圆明园是一座曾经闻名世界的世外桃源，结合了几代中外建筑设计师的心血，却又被列强侵略者毁于一旦，实在是无法用我们现有的知识模仿其金碧辉煌和神秘莫测的风格。

交互界面和按钮如何显而易见并令人舒适也是关键的难题。

（二）特色分析

1）基于 GPS 定位的手机导览系统

与以往的手持导览系统不同，本款软件是利用手机自带 GPS 功能，定位当前游客的坐标位置，将坐标与数据库中存储的景点的坐标信息进行比对，匹配成功后，返回景点的名称。

2）智能自动切换展示景点信息

在坐标匹配成功时自动切换到景点介绍界面，自动播放景点介绍录音，展示景点信息，这样的智能化设计无疑是导览系统发展中的一个创新，很大程度上提升了游客的游览体验。

3）中国古典元素

圆明园是中国古代造园艺术的精华，被誉为"万园之园"，为体现圆明园遗址中所汇集的中国三千多年的优秀造园传统，圆明园公园导览系统也从多方面借用传统中国古典元素，以极具中国特色的水墨作为基调风格，配上古典折扇、复古卷轴来进行内容的展示，同时搭配玉佩、中国结、传统的灯笼等按钮效果，增添富有中国特色的喜庆氛围，再与水墨风格的荷花荷叶结合，在古典、优雅的风格上点缀灵动、水润的色彩，与圆明园既有宫廷建筑的雍容华贵又有江南水乡园林的委婉多姿的特色遥相呼应，充分展示了中国古典的文化底蕴。

4）多媒体展示

圆明园导览系统不同于一般的单一的旅游解说，除了传统的语音解说外，还配有相应的文字扩充介绍，以及与景点相关的丰富的图像资料，从音、画、字三方面多媒体地展示圆明园景点，让用户有更多的选择和体验。

作品 26 super staro

获得奖项 本科组二等奖

团队名称 爪爪爪爪爪爪

所在学校 北京联合大学

团队成员及分工

卢旭：负责绘制图片。

陈曦：负责编写程序。

黄晓婷：负责设计。

周建：负责优化。

指导教师 梁晔

作品概述

"super staro" 项目的内容确立是由小组成员多次讨论确定的。小组成员们通过自身游戏体验及对身边同学的调查了解后总结出，大家对益智类结合挑战用户反应能力的游戏更有兴趣，这便成为了我们决定设计这款手机游戏软件的主要原因。

本次开发的手机游戏软件以惜时与责任为主题，让用户在有限时间内通过猜拳的胜负来保护 staro 的过程体验时间的珍贵及意识到完成肩负责任的重要性，以此得到快乐。staro 炯炯有神的眼睛和可爱的嘴是游戏的关键，在游戏中呈现三个状态，猜拳游戏每猜对一次，staro 会依次按照失去一只眼睛、两只眼睛的顺序到最后 staro 的爆炸，也就意味着游戏的胜利，使人们有了完成任务的责任感从而达到激发人们责任感及惜时的目的。

此外，作为一款敏捷益智类游戏，这款手机游戏软件可以培养用户思考的灵敏度。相对于市场上的这些主流益智类游戏软件，我们所开发设计的这款手机游戏软件更注重的是培养用户的责任感及使人们在游戏的同时，智力与灵敏度获得相应的提高，获益更多。此外，这款手机游戏使用户更具有同情心。我们更注重培养用户的积极思想而不是消极思想，让游戏更具有积极向上的意义。我们觉得分享更能得到快乐，选择积极向上的游戏，人们也会被感染，这样游戏才更有实际意义。

作品功能

"触摸" 功能。在游戏中的每个按键上都加入触摸功能，使用户仅用手指点触的方式就能进行操作。

"娱乐"功能。在游戏当中，用户不但可以满足玩游戏的目的，并且还可以得到反应能力的锻炼。

作品原型设计

游戏实现平台：mtk

屏幕分辨率：240×320

手机型号：mtk

软件截图

作品实现、难点及特色分析

（一）作品实现及难点

完成作品所遇到的难点是在实现一连串猜拳过程中，在判断第一次猜拳的时候，所有出的拳全部被判断了。经过商讨，解决办法是加一个变量和 return，总结：很细小的举动会让整个程序有巨大的变化，所以，在我们编程过程中就更应该抓住细节，因为细节决定成败。

（二）特色分析

这款手机游戏操作起来简单，并且在娱乐和缓解压力的过程中可以得到脑、手和眼的锻炼，使反应能力提高。适合各个年龄段的用户使用。

作品 27　自行车人员管理系统

获得奖项　本科组二等奖

团队名称　Position

所在学校　Chung Yuan Christian University

团队成员及分工

我们 Position 团队（以下简称我们）四人对于互联网与无线定位系统深俱热忱，并承蒙中原大学电子系刘宏焕老师指导，常常以观察生活环境、探查生活所需为原则，并利用互联网与无线定位系统来设计问题并加以解决。因此，我们这次以骑车踏青为方向，通过网络、书本、与师长同学之间的相互讨论，决定设计"自行车人员管理系统"（以下简称本系统）。期待通过我们的努力结合现今发达的科技，为休闲运动产业再尽一份心力。

另外，根据本系统功能可将其分为蓝牙传输与 TCP/IP Socket 模块、主要功能模块、UI 设计与提示信息功能模块等。

成员分工

林书贤：主要功能设计与实现；程序除错、SQLite database。

刘晏辰：蓝牙传输与 TCP/IP Socket 模块、SQLite database；主要功能模块设计。

廖仲伟：GPS 与地图整合设计、UI 设计；创意设计文档建立。

廖振孙：创意设计文档建立；显示接口设计输出。

指导教师　刘宏焕

作品概述

本系统设计基于 Android 2.2 和安装于单车上的行动装置，让爱好单车团体旅行的领队能够利用本系统掌握每个人当前位置，并利用系统广播功能，向单车团体中每位成员进行语音传输，进行安全上的提醒；另外，对于其他用户，系统也会显示每位成员当前位置，避免人员失踪的窘况。

系统除了能够实现上述功能之外，也整合了许多于单车方面休闲运动与旅游用途的功能，例如，在显示接口上提供速度信息与附近道路信息显示等。

作品功能

（一）轮询式架构

当用户利用网络来进行各种数据传送与交换时，系统会采用轮询式的架构进行传送，如图 1 所示。其轮询式的方法步骤如下所述。

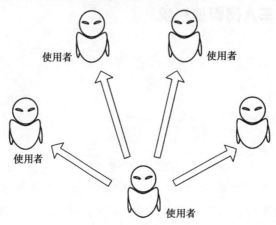

图 1 轮询式架构

（1）网络架构之初，用户并不知晓每台手机被分配到的 IP，所以，我们使用蓝牙模块互相交换彼此的 IP 信息。团队中一人执行领队模式程序，其他人执行队员模式程序，领队将与队员通过蓝牙联机向队员要求 IP 与 port 信息，以及手机储存的电量指示，并建立一个 SQLite 档案存储于 micoSD 卡中。遍访过一次所有用户后进入 TCP/IP Socket 模块。

（2）进入 TCP/IP Socket 模块之后，首先，领队会挑选其中电量最为充足的手机作为目录服务器，将手上的 SQLite 数据库档案传递给目录服务器。

（3）目录服务器负担起更新队员最新位置信息的责任，它以轮询的方式访问每个用户，要求更新最新的 GPS 位置，并将其他队员的位置传递给该用户，以提供地图调用显示。

（4）其信息交换时，目录服务器将会于每一轮过后调用 SQLite 进行电量的判断，当目录服务器的电量低于某一临限值之后，它会传递交换目录服务器的信息给剩余电量最高的手机进行目录服务器的交换。

（5）若无须做目录服务器的交换，则于间隔时间后继续进行轮询的作业。

（二）车速测量

本系统除了行踪标点记录、网络联机外，还提供车速测量的服务。这项功能最大的好处是可以让用户知道自己行车最大速限，进而挑战与突破。

当用户想要知道当前的车速时，系统会抓取一个极为短暂的时间来测量 GPS 所提供的两点坐标距离，这样便可估算当前车速。另外，未来还会将其他车用外围一并整合于单一环境中。

（三）数据库系统

现今，数据库运用范围十分广阔，不同层级有不同的功用。而我们所使用的是数据存储层，可以用来存放各类数据。在系统中，将数据库分为两种，第一种是为了存储每个用户的 IP 和 Port 数据，在目录服务器发送同步要求时调用，此时蓝牙模块被建构完成，于 TCP/IP Socket 模块第一轮传递分享给所有用户；第二种以保证存储位置信息的电池电量，并以 IP 为其主键而成，主要是利用于 TCP/IP Socket 模块之中，Activity 类别的 MapView 显示与 Service 服务同步位置信息与电量而成。

（四）多人同步显示位置

本功能于画面开启后便不断显示所有用户目前的位置。单就此功能来看，若用户不慎迷路，便可依循地图找到其他人。另外，指针为指南针功能，可用来表示现在用户所在的方位，以免在地图上发生方向错乱。Android 3.0 以后的版本支持地图转向功能，但是因为本作品设定于 Android 2.2 以上之产品，故利用电子罗盘功能来表示用户的进行方向。

（五）语音传输提醒

行车期间，若是突然有什么事情需要对全车队进行宣布时，会发现这是件极不容易做到的事。毕竟不是所有车队的人都在讲话范围内，就算都在也还是会因逆风的情况而有困难。因此，我们特别设计一些简易的语音提醒。例如，前方道路路况不佳需要小心行驶，或是请加速等信息，搭配耳机一同使用，便可解决这一类信息传输的问题；用户也可以通过 Menu 键功能调用 Viber 来进行网络电话的沟通。

软件截图

作品实现、难点及特色分析

本系统使用 Android 2.2 版本，并将此系统搭载于 HTC Legend 手机上实现，它支持触碰屏幕、蓝牙装置、Wi-Fi 模块、耳机，以及 microSD 记忆卡等硬设备，而且价格低廉。另外，本系统在用户中间自动产生目录服务器，并不需要有固定的服务器的支持，这使得用户只要下载软件就可以执行这有别于一般产品的设计，使本产品更具竞争力。系统开启后，领队与成员模式开始进入蓝牙模式显示画面。

（一）蓝牙模块部分

本系统于设计上采用透过蓝牙来达到分享 IP 与指派 Port 的目的。于蓝牙模块的接口

上，以领队的手机为主，以获取其他成员手机的 IP 并指派 Port，建构一个内含 IP 与 Port 的 SQLite，接着因蓝牙模块传输距离有限，改以 TCP/IP Socket 模块将此 SQLite 分享给所有的用户，之后便继续以 TCP/IP Socket 模块实现传递位置信息。

（二）蓝牙模块难点

蓝牙在使用上并不是非常顺畅，其需要先配对后再进行链接，且不同款式的手机可能因为蓝牙规格不同，常导致链接失败。为此，我们采用以提示与自动多次尝试链接的方法来尽量避免其链接失败的问题，并同样以轮询的方式来达到与多名用户链接，建立 SQLite 的目的。

（三）蓝牙模块特色分析

因为程序一开始就可以利用蓝牙进行初步数据更新，所以用户可以不用自己输入 IP，仅需选择链接对象与执行配对和链接两项步骤，让对于计算器专有名词不熟的用户可以很简易地上手，并因为模块的自动化，让即使是一个许多人的单车团体，依然可以让领队简易链接，轻松管理。

（四）显示功能部分

通过 Google Map API 搭配 LandMarkOverlay 类别，可以将 SQLite 里面的位置信息以图片的方式绘制在 MapView 组件上面。当用户启动程序时，第一步会先进行蓝牙数据配对；当取得大家的数据之后进入 TCP/IP Socket 模块，即可将大家的位置利用多色标点的方式呈现出来，因为使用了多色标点，所以可以大大增加辨识度，并且程序可以使用 Menu 键点选功能，将自己的位置放置在地图的中间。TCP/IP Socket 模块画面的左上角有一个简单的小箭头，它所指的方向就是用户在地图上的方向，以免导致用户在地图上产生方向混乱的情形。

（五）显示功能难点

因为 Google Map 并不开放开发人员在 Map 之中的源码进行变更，所以我们必须设定一个透明画布（Overlay 系列的类别）覆盖在 Map 上面进行绘图。

在测试过程中，我们也遇到一层透明画布只能支持一种图形，所以，我们必须新增多层透明画布覆盖在 MapView 上面，相当于多张图层迭加的概念。

（六）显示功能特色分析

当画面出现许多队员的位置时，如果都用同一种图片去显示队员位置，相信用户在使用时会造成极大的困难。所以，我们在显示的 Drawable 类别中，进行修改，让每个队员都可以拥有自己的颜色，程序也能通过 Menu 键调用功能将自己的位置显示于 MapView

中央，并且让手机画面跟着移动以方便追踪。

（七）背景服务部分

因为程序需要长时间的更新数据及传送数据，这些动作都是一直需要持续而且稳定的执行，可想而知，一定会花费大量的手机资源。所以，我们调用 Service 类别，通过 Service 提供背景服务，以降低因为中途用户拨、接电话可能发生的错误并且提高其稳定性。

（八）背景服务难点

在背景服务中，通过 TCP/IP Socket 模块来达到联机及同步位置信息的目的。传统的 TCP/IP Socket 联机方式采用一对一的形式，若采用一对一的联机方式，当人数一多，很容易让用户的手机产生过多的数据处理量，造成手机硬件的负担，也会影响到其他更重要功能的使用。为了达到既可以一次让多名用户同时联机，又能够顺畅并且正常的使用手机，所以采用轮询的方式进行数据交换，主机端只需负责告诉所有联机人其他人的联机状态及位置，并且让系统不断侦测当前最高电量并且使其成为目录服务器，而信息就直接在两台手机间相互传递。为了让数据交换的动作可以稳定进行而且不会被 Activity 显示时调用 SQLite 影响，我们将 SQLite 增加一个锁定功能，并且通过 DataBase 类别的开关来进行控制。

（九）背景服务特色分析

背景服务的特色在于，如果用户因为中途拨、接电话、开启其他程序，或是不小心离开了主程序，透过背景服务，数据依然会让 TCP/IP Socket 模块维持用户之间传递与同步，用户只要将程序重新启动就可以直接获取 SQLite 里面的数据，继续更新并显示坐标与信息；而当用户活动结束，必须关闭分享功能时，也可通过 Menu 键离开背景服务。

（十）结论

市面上虽然有很多关于 GPS 的产品，但是与自行车相关的应用软件却很少见到。因此，我们瞄准这样的需求专门为自行车辆开发，并利用新兴的智能手机接口作为搭载平台，让用户可以用熟悉的产品来进行多样整合。让我们的创意结合科技的进步，让用户在出门时不需要准备一堆配件，只要拿出智能手机打开本系统就可四处走，享受生活乐趣！

作品 28 开溜

获得奖项 本科组二等奖

团队名称 安客队

所在学校 北京建筑工程学院

团队成员及分工

团队取名"安客队"。"安客"的由来是受到威客启发。威客是指通过互联网把自己的智慧、知识、能力、经验转换成实际收益的人。因此,"安客"是指通过安卓开发学习软件知识,提升开发技能,实现自我价值的人。同时,"安客"又与英文单词 encore 谐音。encore 意思是"很好,再来一次"的意思。因此,我们希望自己拥有百尺竿头,更进一步,再接再励的精神。

孙怿(策划):孙怿担任本次的软件策划师,他思维缜密,知识面广泛,负责整个软件功能需求分析方面的策划,设计每步要做的任务和目标效果。

刘巍(UI 界面):有美术功底的刘巍担任本次软件设计的 UI 界面设计师,他独特的个性使他设计出来的作品有一种独特的风格。本次设计,他主要把需求反映到界面,负责界面间设计的合理性。

李小乐(后台功能):他思维缜密,逻辑性强,主要负责每个界面的功能实现,以及界面之间内在的功能联系,并编写出相应的代码。

杨璐(测试):她是一个细心阳光又不缺乏魄力的女生,也是本次软件把关的测试工程师,她主要负责软件的功能测试,遇到问题及时反馈到策划,直至软件功能完善。

指导教师 周小平

作品概述

"开溜"是我们本次设计作品的最终名称,这个名字直观而不失幽默的向用户传达了本软件作品的用途和大概功能。当你想逃离某个地方,讨厌某个会议等各种你不想停留的场合时,那就用这款手机软件"开溜"吧。

随着手机市场的不断发展,目前,人们的手机已经不再是以前那种单纯意义上的电话,它更像是一个丰富人们生活的必需品,不管是对于人们的工作还是生活都有着不可或缺的意义。

也许你在生活中有过这样的经历:无奈参加了一个无聊的约会,而自己还有很多的事情要去处理,想赶快结束却不知如何脱身;也许你在工作中有过这样的经历:无聊的会议占用你的时间，而手头还有大把的事情要去解决；遇到这些类似不好脱身的情况怎么办？"开溜"是一款使用系统设定铃声、模拟真实来电界面和指定来电场景的、逼真的来电软件。它能给你的手机制造一个逼真的来电，让你有充分的理由离开你不喜欢的场合，去你想去的地方。

"开溜"可以提前设定来电时间，也可以通过简单的一个按键或者晃动手机马上给自己制造一个电话。同时，它能真实地模拟来电场景。它除了内置几个经典的对话场景模板外，还可以通过录制一段语音作为特定对话场景模板。甚至，为了让软件有更好的使用性和更广大的使用范围，它还提供了丰富的云端对话场景模板。

"开溜"是一款可以在任何模式下使用的软件。它在不花费用户一分钱的情况下，为用户制造来电，从而轻松脱身尴尬环境！

作品功能

功能简述	功能描述
真机来电情景模拟	"开溜"在设计和实现上，完全从用户的角度出发进行考虑。它使用了与当时手机所设定情景模式一致的来电铃声；同时，在来电界面上，它完全模拟了HTC G6在出厂情况下的来电显示界面。因此，用户不必担心会穿帮
来电对话场景模拟	"开溜"内置了几种常见的对话场景；同时，它还支持用户自定义的对话场景。为了让用户能够满足于更多对话场景的需求，"开溜"还可以支持云端对话场景。只要在云端放置对话场景模板，所有的"开溜"用户都能通过无线（含3G）网络使用这些对话场景。"开溜"通过对云端对话场景的支持，以及对云端对话场景的不断更新，实现了软件的可持续使用，保证了软件的生命周期
不完全依靠网络	"开溜"不完全依靠网络。正常情况（拥有网络）下，"开溜"用户可以设定使用包括来自云端对话场景等丰富的对话模板。但这不影响用户在没有信号的情况下使用该软件。在没有信号的情况下，用户也可以设定使用内置或者自定义的对话场景模板，来正常使用该软件，这就消除了用户暂时没有网络信号，影响使用的烦恼
晃动感应来电	"开溜"对于有重力传感器的手机提供晃动感应来电功能。用户只需要设定"震动来电"功能之后，就可以通过摇晃震动手机来制造一个来电。该功能可以让用户在不方便设定"定时来电"的情况下，快速隐蔽地开溜
云服务器	"开溜"支持云端对话场景。通过云端服务器，所有"开溜"客户端可以共享云端对话场景。云端服务器为所有的"开溜"客户端提供云端对话场景及云端对话场景的更新。通过对云端对话场景的更新，使得软件能够跟进时代和市场的需求，实现软件的可持续使用，保证了软件的生命周期

作品原型设计

实现平台：Android 2.1

屏幕分辨率：320×480

手机型号：适用于 Android 2.1 及以上版本且屏幕分辨率为 320×480 的手机

软件截图

作品实现、难点及特色分析

（一）作品实现及难点

晃动来电功能：由于模拟器不支持传感器，因此，本软件在实现和测试晃动来电时，需要采用真机（HTC G6）进行测试。由于有别于传统一般软件采用模拟器的调试方式；因此，在查阅了大量的资料之后，最终采用真机 USB 调试方式进行该软件功能的调试与测试。

自定义对话场景录制：在本软件中，由于采用了系统自带的录音 Activity 进行自定义对话场景录制，其录制文件存放于系统特定的路径，因此，需要将这些文件转移到本软件设定的路径。但是该 Activity 最终返回的是 URI 对象，而不是真实文件路径；因此，需要将 URI 转换为真实的 File 对象才能进行转移。而 Android 有别于传统的 java，无法采用传统的一般方法直接转换。最终，自定义了一个转换程序完成 URI 到 File 的转换，从而将录制音频文件转移到指定路径。

（二）特色分析

与传统同类型软件不同，本软件支持使用传感器作为来电触发事件，只要晃动手机，就能制造一个来电，从而更加方便用户在临时、尴尬的场合开溜。

与传统类似软件不同，本软件加入了云端服务器，通过云端服务器提供并更新对话场景，以此让软件能够跟进时代和市场的需求，从而扩大该软件的使用范围和使用场合，延长软件的使用周期，实现软件的可持续使用，保证了软件的生命周期。

与传统的同类型软件不同，本软件使用了与当时手机所设定情景模式一致的来电铃声；同时，在来电界面上，它完全模拟了 HTC G6 在出厂情况下的来电显示界面，因此，用户不必担心会穿帮。

作品 29 卡酷接图

获得奖项 高职组二等奖

团队名称 CMT（Challenge Myself Team）

所在学校 北京联合大学

团队成员及分工

我们的团队命名为 CMT（Challenge Myself Team），寓意是每个人最大的对手不是别人，是自己。我们应该时刻提醒自己，不应该败给自己的懒惰，应该时刻挑战自己，永远比昨天的自己更强，这样，总有一日，我们会拥有属于自己的成功。我们是一群憧憬着能盛开花朵的幼苗，每一个队员都如同团队的名字一样朝气蓬勃，各有所长。

宫殿琦（组长）：负责总体规划和工作部署。

崔筱婧：负责搜集资料和部分技术合成。

赵平、张豪：负责技术开发和技术实现。

左诚：负责搜集资料和文档撰写。

指导教师 肖琳

作品概述

随着移动平台与无线网络的快速发展，移动互联网已经成为人们生活中不可或缺的一部分。手机在移动互联网中扮演着重要的角色，人们通过手机在移动互联网上获取信息已经成为一种习惯，微博、手机 QQ、飞信及众多的移动互联网应用充斥着人们的移动生活。人们不仅可以通过文字的形式了解世界各地正在发生的事情，还可以通过图片、视频等形式与世界各地的人们进行沟通和互动。我们所设计的"卡酷拼图"软件，就是借助手机的拍摄功能和移动互联网将我们与世界拉得更近。

当我们在外地旅游时，通过小小的手机就可以与他人分享世界各地的风景，当我们在家休息时，也可以足不出户欣赏到别人所分享的美妙景致，这是一件多么美好而神奇的事情。虽然我们现在通过搜索引擎可以搜索世界各地的图片，但这些图片大都是局部的景致，我们在欣赏时没有身临其境的感觉。如果把某地的风景做成一张巨幅图片显然不太实际，做成动画又不够真实。出于这样的原因，我们开发了"卡酷拼图"这款接图软件，其特色之处就在于它可以让用户按照地点顺序进行拼接，小小的手机摄像头也能拍出大大的空间，然后再将这些图片分享到移动互联网上供其他人浏览和欣赏，独乐乐不如众乐乐！

作品功能

功能项目	功能描述
实现平台	Android
屏幕分辨率	480×854
手机型号	defy
服务端	储存整个平台的图片及 XML 文件，提供给手机客户端使用
手机客户端	用户通过手机客户端进行图片浏览与上传功能

软件截图

作品实现、难点及特色分析

【难点1】主页省市数据设置——方案一：利用 XML 存储，XML 语言简单易用，是一个描述信息的好方法，但是对信息的增删相对麻烦。方案二：直接存储在手机上，人为对写函数进行判断、增加、删除等工作，但这样效率低容易出错。方案三：用数据库存储，数据库方便数据的增删改查，用起来相对方便，并且 Android 平台为我们提供了一个轻量级数据库，拿来用再好不过了，我们最终确定了这种方案。

【难点2】图片显示与保存——图片可能会有很多不同的参考点，并且图片要按照一定的顺序进行显示。首先，必定会有一个说明图片位置关系的信息，存储这个信息的文本我们选取了 XML 文件，当拍摄照片后，我们就会向 XML 文件中写入一组有关这个照片的信息，然后将照片同 XML 更新至服务器。显示的时候我们会首先从服务器下载 XML 文件进行解析，因为 XML 文件的信息可能会非常大，所以我们采用了 SAX 的解析方式。当解析完 XML 文件后，再从服务器下载对应 ID 的图片。

【难点3】参考点和同一地点的拍摄——我们的软件可以从不同的参考点开始辐射，当不同的参考点之间相互重叠后，这两个参考点将合并为一个。我们主要是对存入 XML 的信息进行分析，使两个参考点之间合并时能尽可能协调。对于同一地点的拍摄，我们会存储相同的 ID 然后根据不同的时间进行排序，显示时会首先显示最近的一张。

【难点4】独立建筑物——每个景物不可能都按照一定的空间顺序有所关联，对于某一地点的单独景物，我们会为这个地点建立二级空间用来存储它的子建筑物，子建筑物的命名规则将不受主建筑物的影响。

【难点5】建筑物内部——每个建筑物都有内部的样子，为了解决建筑物内部景物的拍摄问题，我们引入了一个"门"的概念。当我们拍照时，拍摄者可以把门口的那张照片设置为门，然后服务器会为这个建筑物开辟二级空间。当用户按下"门"时，便可观看内部景象。为了方便，一个建筑物仅可以存在一个"门"。

【难点6】拍摄后的相片——拍摄后的相片用户可能会不满意，为此，我们设置了重拍和放弃按钮。我们还将为软件增加相片编辑功能，使用户可以对相片进行裁剪和调整。我们还会为相机增加直接上传已有照片的功能，更加方便用户的使用。

【难点7】拍摄地点的信息——我们将会为软件增加知识学堂与相片评论功能，使用户可以更加方便地了解所浏览地点的信息，为用户带来更多的方便。

【难点8】手机流量——由于软件会对用户的流量造成一定的消耗，为了节约用户的流量，所以我们会提供不同分辨率的相片，以确保用户可以根据自己的实际情况进行设置下载哪种照片。我们还提供设置相机图片一次可缓冲的张数，使用户根据需要进行设置。

【难点9】照相机的调用——因为要尽量使相邻的两个图接在一块，所以我们不能简单的调用系统的相机，因为我们会在拍摄的同时取与他相邻的图片进行对照，这样能尽量保证相邻两个地点的照片更加协调。

【特色一】"卡酷接图"不仅能实现照片的上传功能，还能使照片按照一定的空间顺序进行排序，使用户能较为真实地还原地点本来的面目。并且卡酷接图还能浏览同一地点不同时间的照片，使用户能看到不同时间段及不同季节的景象。

【特色二】"卡酷接图"还具有相片评论与地点相关信息的获取功能。用户可以根据图片获得更多的知识与信息，丰富用户的知识面。

【特色三】"卡酷接图"可以使用户以图会友，浏览图片的同时知道更多的事情，结识天下的朋友。

【特色四】"卡酷接图"支持许多类地点的拍摄，能适应不同人群的不同需求。所以，"卡酷接图"能为生活的很多方面带来很大地方便，无论是出行、旅游、娱乐还是购物等，卡酷接图都能发挥一定的作用。

【特色五】"卡酷接图"可以对拍过的地点进行快速检索，方便用户快速找到想要看到的位置，节省用户宝贵的时间。

作品 30 万圣节连连看

获得奖项 高职组二等奖

团队名称 电科手游工作室

所在学校 北京电子科技职业学院

团队成员及分工

李艺阳：策划。

谭健：编程。

王潮：美工。

指导教师 陈海燕

作品概述

游戏连连看是源自中国台湾的桌面小游戏，自从进入大陆以来风靡一时，也吸引了众多程序员开发出多种版本的连连看。其中，顾方编写的阿达连连看以其精良的制作广受好评，这也成为顾方阿达系列软件的核心产品，并于 2004 年，取得国家版权局的计算机软件著作权登记证书。

随着 Flash 应用的流行，网上出现了多种在线 Flash 版本"连连看"。如"水晶连连看"、"果蔬连连看"等，流行的"水晶连连看"以华丽的界面吸引了一大批的女性玩家。

2008 年，随着社交网络的普及和开放平台的兴起，"连连看"被引入了社交网络。"连连看"与个人空间相结合，被快速地传播，成为一款热门的社交游戏，其中，以开发者 Jonevey 在 Manyou 开放平台上推出的"宠物连连看"最为流行。

作品功能

游戏规则：游戏规则是需选择一对相同的万圣节小鬼头像消除，呈现的路径以不超过两个转弯处为主，如符合规定则消除此对万圣节小鬼头像。每一局里玩家需要在规定的时间内消除所有的万圣节小鬼头像，当完成任务后，视为游戏过关，并且可以进入下一关。如在规定时间内没有清除所有的小鬼头像，视为游戏失败，回到游戏主界面。

帮助说明：使用〔提示〕功能，游戏会自动显示一组可以消除的牌组。

级别关卡说明：游戏共设有七个关卡。

各关卡的模式如下：

第 一 关	第 二 关	第 三 关	第 四 关	第 五 关	第 六 关	第 七 关
无变化	向左	向右	向上	向下	上下分离	隔段时间出小鬼
5×6	6×7	7×8	8×9	9×10	10×11	11×12

软件截图

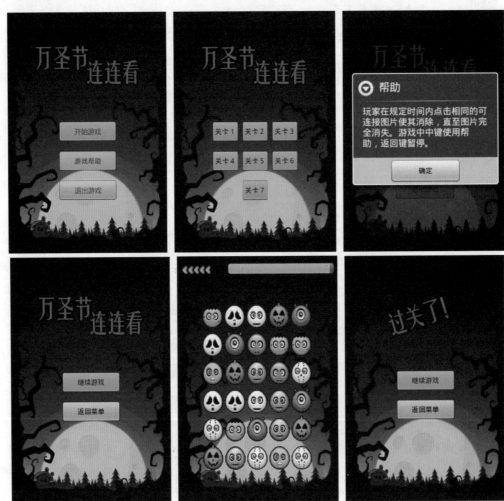

作品 31　勇闯伏魔洞

获得奖项　高职组二等奖

团队名称　J-Group-One

所在学校　北京电子科技职业学院

团队成员及分工

唐甜甜（策划）：完成游戏的策划、设计、玩法、文档撰写，完成程序中菜单显示和切换。

杨蕾（程序）：完成程序主界面的逻辑。

李鑫（美工）：所有图的绘制，场景背景层和碰撞层二维数组的保存，完成程序地图铺设和音效。

指导教师　李云玮

作品概述

"勇闯伏魔洞"项目的内容确立是由本开发小组多次讨论而制定的，在这期间，我们了解了很多人在紧张的工作和学习过后都需要通过其他的方式缓解压力，以娱乐的形式来放松自我。这是我们设计这款手机游戏软件的主要原因。

这是一款穿越的 RPG 游戏，游戏中的主角经过穿越来到了公元一九五年的西凉召德村，无意间卷入了一场鬼魅的阴谋之中。

此外，这还是一款益智游戏与 RPG 角色扮演类的结合，利用益智游戏的休闲可玩性和 RPG 角色扮演的故事扩展性相结合，把益智游戏的玩点和 RPG 的耐玩结合到一起，给玩家一个全新的感受，这样游戏才更有实际意义。

作品原型设计

游戏实现平台：Symbian

屏幕分辨率：大于 360×640

手机型号：支持 SymbianS60V5 的手机

软件截图

作品实现、难点及特色分析

（一）作品实现及难点

人工智能设计：在游戏战斗的界面中加入了 NPC 的行为判定，主动攻击型，玩家进入任务场景时敌人进行追击和攻击。判断检测范围，当主角与敌人的距离小于 64 像素时敌人对主角进行追击，当主角与敌人的距离小于 16 像素时敌人对主角进行攻击。这样也增加了不同关卡游戏的难度和可玩性。

（二）特色分析

游戏玩法：玩家需要和各种 NPC 对话找到任务的相关线索，通过得到的线索完成任务。以游戏中人物的剧情发展而编程，让玩家充当其中的人物，给玩家带来身临其境的感觉。

作品 32 EasyParking 北京易停

获得奖项 高职组二等奖

团队名称 苹果派

所在学校 北京北大方正软件技术学院

团队成员及分工

"苹果派"团队由北京北大方正软件技术学院 09 级在校生组成，其中，陈炫逸、张路知、尹力来自软件工程分院，孟骁来自多媒体艺术设计系。

陈炫逸：市场需求调查，苹果产品界面风格制定，用户体验把控，程序框架设计。

张路知：程序框架设计，百度 API 研究，搜索的实现，导航的实现，详细页面的实现。

尹力：市场需求调查，百度 API 研究，搜索的实现，列表的实现，收藏的实现。

孟骁：苹果产品界面风格制定，界面设计，图片素材设计。

指导教师 董小园

作品概述

2011 年上半年，北京汽车保有量已达到 464 万辆，位居全国第一，并且还在增长。在这个始终保持着高速发展的大都市里，交通问题日益严峻，停车难易已成为影响人们出行的重要因素之一。北京城市面积大、生活节奏快、流动人口多…车主们对于车位信息的需求日渐强烈。哪里有车位，去哪里停车方便，哪里停车价格合适，着实成了令人头疼的问题。

针对这一现状，我们团队创作完成了"北京易停"这款手机应用程序，为出行者解决寻找最佳停车场、停车位，明确行车路线等难题。

随着智能手机的普及，人们通过智能平台获得自己想要的信息越来越方便。"北京易停"利用手机的便携性，结合搜索引擎和地图功能，为车主提供动态检索、实时有效、精确详细、智能直观的停车场信息，具有专业化信息服务、应用程序自行解决地图功能等特点，弥补了传统搜索引擎的缺点，能够更好地满足用户需求。

本作品的主要功能包括"自动定位"周边停车场信息查询、"手动搜索"指定位置周边停车场信息查询、热区周边停车场信息查询等，所有查询均提供"地图模式"和"列表模式"的结果显示，在地图模式中可以查看"路况"，在搜索结果中可以进一步查看"详细信息"，同时提供"导航"功能。用户还可以把自己感兴趣、经常去的停车场信息加入"我的收藏"。

　　"北京易停"提供专业的停车信息、定位导航服务，为用户自驾出行提供方便，同时也对北京的交通拥堵状况起到了一定调节作用。

作品功能

功能简述	功能描述
自动定位	随时随地的显示当前所在位置的周边停车场信息。 （1）能够以地图模式显示搜索结果； （2）能够以列表模式显示搜索结果； （3）地图模式提供标准地图和路况地图两种显示形式； （4）地图模式和列表模式中均可进一步查看某一停车场的详细信息
手动检索	通过手动检索来检索自己想要去的目标位置周边的详细停车场信息。 （1）提供热区列表，可以直接单击，选择最热闹的地区，查看搜索结果； （2）提供文本框输入搜索，可以直接输入目的地进行查询； （3）搜索结果的显示同自动定位结果显示，同样提供地图模式和列表模式，地图模式仍有标准地图和路况地图形式，两种模式中均可进一步查看停车场详细信息
详细信息	详细信息页面显示该停车场的名称、地址、电话、停车位数量、剩余停车位、收费标准，地上/地下等信息。其中，名称、地址、电话均为网络搜索真实数据。 详细页面提供"导航"和"收藏"两个按钮
导航	单击详细信息页面的"导航"按钮，进入导航地图。地图上将显示从用户当前位置到目标停车场的导航线路图
我的收藏	在停车场详细信息页面中单击"收藏"按钮，可对高频率去往或较为满意的、感兴趣的停车场信息进行收藏。可以在"我的收藏"中查看所有收藏信息，以便下次参考

作品原型设计

实现平台：苹果 iOS 4.0 及以上版本

屏幕分辨率：≥320×480

手机型号：iPhone 3GS 和 iPhone4 4.0 以上版本

软件截图

作品实现、难点及特色分析

(一) 作品实现及难点

1) 搜索功能的实现

因为力求搜索到实时、准确的数据,所以,我们一直在探索如何借助成熟的服务器(如 Google、Baidu 等),借助开放的接口来实现搜索功能,而不是自己做一个服务器——信息量太大,自己做服务器只能部分收集信息、模拟信息。在研究过程中,最初使用 Google 的公共开放 API,后来遇到瓶颈,发现其 API 中搜索结果的获取不对外开放,只能以网页形式显示，不符合我们的设计。后来经过不懈探索，终于发现百度地图提供更加开放的免费 API（百度地图移动版 iOS 平台开放 API），而且是今年 8 月份刚刚发布的。经过学习和研究，我们重点应用了其中的几个类和接口，实现了实时在线进行搜索，实现了地图功能，并且可以对搜索结果进行提炼加工，以我们自己的方式将结果进行显示和使用（地图模式、列表模式，自定义搜索结果的图标等）。

2）地图及结果的显示

我们在百度地图 API 基础上对类进行应用和改写，将定位、导航等一些重点功能嵌入到我们自己的应用程序框架中。使用该 API 最大的优点和突破就是可以在代码中获取数据并处理。因此，我们另一大工作重点和难点就是对搜索结果（停车场信息）进行分析、加工，将其呈现在表格中，或者结合一些图片素材把停车场信息按照我们的设计在地图上进行显示，使得整个应用更具我们自己的风格，将需要的功能良好地融合在一起呈现给用户。

（二）特色分析

本应用程序功能独立而全面，专业性强，针对目标客户（在京开车人士）提供详细、有效的停车场信息，支持用户最需要、最实用的定位和导航功能。

界面清新，程序逻辑简单明了，使用起来十分方便，并且人性化地提供直观的地图模式和整齐的列表模式。

本应用程序支持所有地图的相关内容，既不是调用第三方地图，也不是简单地通过手机网页呈现搜索结果，使得程序更独立和完整，提供更好的用户体验，应用本身更安全，更利于维护和使用。

第五部分　经验交流

专家评语

立足现代科技　展现强大活力

——评 **2011** 年北京市大学生计算机应用大赛

中国石油大学（北京）陈明教授

2011 年北京市大学生计算机应用大赛的主题是《移动终端应用创意与程序设计》，以 3G 智能手机、PAD 平板电脑等智能手持终端为移动终端，以云端计算平台为后台，使大赛立足于现代科技，展现了强大活力。

大赛主题鲜明与活跃、远超出常规考试的难度与范围，涉及计算机科学与技术知识的扩展和综合，强调计算思维和创造思维。大赛是联系计算机课程教学和实践创新的重要纽带、是脑力之争、是检验教学效果的试金石，体现了学科的力量。

大赛可以激发与培养大学生的实事求是、勇于追求真理的精神，提高大学生的创新实践能力，有助于鼓励大学生从事科技创新活动、培养其能力和素质。

大赛鼓励有经验与有能力的教师参与竞赛和辅导工作，提高大学生的实践动手能力、加强大学生的创新意识，综合应用所学的理论知识和技能解决实际问题能力，为专业学习和发展、综合素质的提高打下坚实基础。通过计算机应用大赛，加强了对学生独立分析问题与解决问题能力的培养，进一步调动学生学习的积极性和主动性，并创造条件引导学生积极思考、探索与实践，促进学生专长的充分发展。

团队精神的培养是一种创造性工作，而要完成这种创造性工作，必须具备优秀的个人品质，才能与其他合作者进行交流和相互促进。在大赛过程中可以培养学生的团队协作精神。参与科研活动可使学生与教师之间、学生与学生之间的互动学习成为必要和可能。要在参与大赛的过程中学会与别人团结合作、取长补短。合作精神的培养超越了参加大赛的意义。

大赛对参赛选手的能力提出了很高的要求，计算机科学是算法和算法变换的科学，算法是程序的核心和灵魂，除了充分发挥灵感和天赋之外，更重要的是选手们必须具备坚实的计算机科学基础。

通过参加大赛可以培养学生执着而自信的心理素质。每个参赛者要正确对待成功与失败，善于从失败中汲取教训。只有善于总结经验的人才能取得最后的胜利。

参赛作品充满了新鲜与时尚，展示了当代大学生们的创意思维与设计和创业能力。获奖的作品更具有实际应用意义，无论从创意上，还是从价值上，都表现出更高的水准。

祝愿大赛越办越好、影响越来越大、水平越来越高，为培养优秀的计算机科学与技术人才做出贡献！

"2011年'北京联通杯'北京市大学生计算机应用大赛"评审总结

北京工商大学　孙践知

"2011年'北京联通杯'北京市大学生计算机应用技术大赛"由北京联合大学与北京市计算机教育研究会共同承办的。本届大赛以"移动终端应用创意与程序设计"为主题，要求参赛学生在3G智能手机或者平板电脑上完成具有实际应用意义的创意程序设计。目的是促进学生将理论知识与实践相结合，提高学生的策划、设计、协调组织和解决问题的能力；培养、锻炼大学生创新意识、创意思维和创业能力，更好地培养符合经济社会发展需求的优秀人才。

本届大赛是第二届，和前届相比参赛队的水平有了大幅度的提高，多数参赛队有完整的创意，有较为完善的代码实现，能提供较为规范的文档。多数团队内部分工明确，在回答评委提问时，更为清晰准确。从参赛学生提交的作品，以及现场表现来看，参赛学生的水平已经有了较大幅度的提高，这从一个侧面也说明大赛对学生掌握新知识、新技术有很好的促进作用。

本届大赛在评审方式上沿袭上届初评、答辩、会商三个环节。在初评环节，评审专家首先查看参赛团队提交的文档，运行程序，初步了解参赛队作品的创意、技术平台、实现方法，以及运行效果，形成初步印象。在答辩环节，各参赛队首先对参赛作品做出说明，然后接受评审专家的提问，在该环节每个参赛队得到了展示自我、展示作品的机会，评审专家通过提问环节也进一步了解作品的创意和实现方法，同时也确认了作品的原创性。答

辩结束后将优秀的和有疑义的作品提交到会商领导小组，经讨论后得出最终结果。通过两届大赛的经验，该评审方式的流程是合理的，结果是公正的。评审结果也得到了所有参赛学生、领队教师和评审专家的认可。

随着大赛影响力的不断增加，越来越多的学校参加到大赛中来，参赛作品的种类繁多，数量巨大，如何保证参赛作品的原创性是一个重要问题。目前的方法主要是参赛队签署承诺书，以及在答辩环节评审专家提问。建议今后的大赛每届指定一个明确的、范围相对较窄、非热门的题目，这对保障作品原创性可能会有一些帮助。

作为一个计算机应用技术大赛，创意和程序设计是大赛的两大主题，通过大赛引导学生掌握扎实的程序设计技术也是大赛的初衷，建议在今后的大赛中进一步强调对创意的完整实现，强调要能提供全套的技术文档。

参赛感言

参赛团队：北京信息科技大学 疯狂奶牛制作团队

作品名称：GPA 计算能手　　　　　　　　　　获奖情况：本科组一等奖

团队成员：王鑫龙、何昊、彭文欢、晏冉、赵业　指导教师：李振松

首先，我们要对本次大赛活动表示衷心的感谢，并且感谢帮助过我们的老师和同学们，因为这次活动给了我们团队每个人展示自己才华的机会。老师和同学们的帮助提升了我们作品的品质，也提升了每个人的能力。

在产品制作的过程中，"GPA 计算能手"从最初的策划到最后的问世，倾注了团队每个人的心血、汗水、热情与智慧。从团队创立之初，"疯狂奶牛"小组就严格要求自己和作品。在综合考察和深入讨论后，我们决定开发这样一款基于安卓（Android）平台的移动式平均学分绩点转换工具。

在今天，安卓平台具有较高的普及率和开放性，这有利于我们开发人员尽快的适应，也有助于产品的后续推广工作。在移动设备无处不在的时代，制作一个与教育密切相关的软件是国内少有，并且是教育界所期望的。因此，就创新力来说，我们的选择是正确的、合理的。我们要考虑的是软件制作的复杂性。就我们而言，一个刚刚涉足安卓应用开发的团队，可以在短期内开发出一款制作较为精良的软件，必须要考虑软件的复杂性。而平均学分绩点的转换恰巧是一个并不太复杂，又不简单的程序。它所需要的内容和功能，对于

我们来说，既不烦琐又具有挑战性，这对于我们能够让软件具有一定的成熟度是有利的。在确立了方向之后，我们进行了任务的分配，并制订了分配计划与整合计划，这样保证了团队拥有一个合理的、专业的产品流水线，使开发速度大大加快。在具体的开发过程中，我们还要兼顾用户体验，这是我们一直以来最重视的部分。一个软件是否拥有友善的用户操作感和良好的美观度，是决定用户是否选择使用我们软件的重要标准之一。因此，我们对自己的设计要求一次比一次高，需要考虑的问题也一次比一次细致，经过无数的改良甚至重新设计后，才拥有了最终的版本。在产品整合中，我们需要不断协商，以保证每个人制作的部分都能达到最佳状态。

在决赛答辩环节中，我们也做了充分的准备。我们参照了市场上成功应用的宣传策略，采用与产品统一的视觉风格，层层递进的宣传手法，清晰友善的表达与统一化的形象等，这些都是我们夺冠的先决条件。

总体来看，我们从这次活动中得到的启示就是，一个好的应用，应该具有良好的市场前景、合理的开发难度、优秀的用户体验和有效的宣传手段。一个好的团队，应该具有明确的工作分配、强大的协作精神、高度的工作热情和严格的自我要求。

最后，再次感谢主办方和协办方给予我们的支持，感谢指导教师与学校的细心培养、感谢团队每个人的辛勤付出。

> 参赛团队：中国矿业大学（北京）   "矿石计算机"队
> 作品名称：PaceMeter 智能计步器   获奖情况：本科组一等奖
> 团队成员：李蓝天、杨勤璞、于凯敏、王舒扬   指导教师：徐慧

我们的产品"PaceMeter"作为一款具有创新性与实用性的健康软件，以卡通的界面，丰富的功能，实用而又独特的智能计步功能展现给广大移动用户。PaceMeter 使运动更有乐趣，能够显示出用户运动的效果，它通过调整灵敏度来自动感应用户的跑动次数，并根据相关研究提供的数据换算出每步对应消耗的卡路里数值，从而使运动效果量化、可视化；PaceMeter 可实时显示各项运动参数：跑步步数、运动时间、耗能等数据。用"我的记录"进行步数统计，该功能会让用户知道过去的累计运动量。"目标设定"功能可以帮助你制定运动计划和目标，在达到设定目标时，程序自动提醒并停止运行。此外，PaceMeter 可以随时将运动数据上传至社交网站和微博，方便用户记录和分享运动中的快乐；该软件还可以利用网络通信功能方便链接到国内知名健康网站，并且可以进行在线问答，方便用户随时随地了解健康资讯。

现在 Android 手机在硬件上有了很多的改进，增加了很多传感器，我们一起努力克服了许多技术上的难点，利用了手机加速度感应功能，设计出合理的低通滤波算法，根据振动的频率和振幅能准确地感应出实际运动步数。此外，我们实现了手机动画特效。最后，在指导老师的帮助下，我们针对不同的手机型号和用户自身的运动状况，设计了自动测试灵敏度的功能，使计步结果更加准确。

参加此次"北京市大学生计算机应用大赛"让我们认识到团队合作的重要性，我们在一起共同学习，一起解决面对的实现难点。在队长的带领下，大家分工明确，分别负责代码编写、UI 设计、建模求参、文档编写。我们怀着学习和积极参与的态度，经过一个多月的时间，通过了大赛初赛、复赛答辩最终取得了一等奖的好成绩。在我们参赛的整个过程中，指导老师徐慧一直在背后默默帮助我们。在算法设计遇到困难时，她指导我们如何改进算法；在软件架构基本成型时，她以专业的眼光指出了结构设计的不足之处，提出了改进意见，使我们少走了很多弯路，节省了宝贵的时间；在答辩前，她凭借自己的经验给我们指导、加油，可以说没有这么认真负责的指导老师，我们很难走到最后，更不用说取得这么优秀的成绩了。真心感谢徐慧老师，祝她身体健康。天天开心！

最后，感谢大赛组委会、评委和赞助单位给了我们这次机会，让我们对 Android 手机设计有了自己的理解，更让我们对计算机有了更多的热爱，坚定了我们沿着这条路继续走下去的信心和勇气。真心希望"北京市大学生计算机应用大赛"越办越好，也相信今后会出现更加优秀的作品和更加优秀的团队！

参赛团队：朝阳科技大学（中国台湾）　　IMCYUT 队

作品名称：导览 E 指通　　　　　　　　　获奖情况：本科组一等奖

团队成员：苏荦中、郑宇哲、黄昱玮、黄新忠、刘育安　指导教师：陈荣静

在主题方面，我们主要是做手机智能型导览的功能，在拟定这个主题时，组员跟组员之间也保持着很多理想与抱负，我们希望将导览功能，更进一步的方便化、实用化，我们相信此功能会给社会带来很大的帮助。

在三个学期的专题中，从大三上学期的摸索专题方向，大三下学期的专题开发，到大四下学期的专题发表成功，除了程序撰写及软件应用的能力，更多的是获得合作与沟通的经验。在专题的讨论过程中，难免会意见不一致，但组员们都能彼此沟通，也是专题发表能够成功的重要因素之一。另外，我们每周都开会，让每位组员都要报告每周的开发进度给指导教授，这样不但能督促组员去要求自己的进度，也能让指导教授了解我们在开发过

程中，会有哪些疑问与困难。虽然偶尔会因为课业或其他事务繁忙，但大家仍会在开会时提出进度报告，这样每周开会督促进度的做法，相信在未来走向社会进入公司后，这些经验能让我们更快地适应。回顾历时一年半、三个学期投入专题的过程，我们不只获得软件的开发技巧，更重要的是，我们获得无法用金钱衡量的合作经验。

我们希望通过每一次的竞赛所学习的经验，让功能的完整性得以提升，也希望自己的程序设计能力更进一步提升，也希望组员之间能像现在一样保持着积极的态度来迎接每一次的考验。

原本报名此次大赛，不敢保持着能够得奖的心态，只希望能从比赛中学习经验。但我们发现其实很多组都很有创意，在做我们的系统时，也发现自己有很多不足的地方，也有许多不懂的东西。遇到严重瓶颈的时候要如何去找寻问题的症节点、解决的办法等，都让我们吸取了不少教训。我们也搜索不少的书籍、网络上的数据和学长讨论、研究，另外加上与组员们之间的配合及沟通，一点一滴地将我们的整个系统做到最完整。这次的比赛让我们大开眼界，来自各个地方的组别、不同以往的创新、想法都是我们学习的方向。自己还需要更加努力去充实自己，多去观摩别人的作品，吸收未来流行趋势方向的知识才是让自己进步的方式。

通过这次专题开发，我们尝试了很多不一样的学习，像是程序语言、美化 CSS 等。由于我们是竞赛组，所以刚开始时，压力在所难免。但在开发过程中，我们把压力转化为动力，把此次的专题看成是一种学习。心态是很重要的，人的成败取决于自身面对事物所保持的态度，相信很多人都是这么觉得吧。

这次的比赛，让我们学了很多，从原本的摸不透到现在对系统熟练操作，让我们受益良多，也让我们看到其他组的创意，他们有很多让我们值得学习的地方。很高兴能够获奖，这次的经验对我们来说意义重大，机会难得，同时更让我们大开眼界，对这一领域有更深地领悟——原来程序是可以这样玩的！我们希望能借更多的比赛让我们吸取经验，更能在比赛中让自己成长，我们相信自己可以进步更多。

在软件开发过程中，我们学习到很多技术、知识与团队合作，不仅使自己与组员们的专业能力有所提升，也能有机会发挥所学。参与这次比赛也能体会到两岸学生间的优缺点，在赛后也能有机会，了解当地风土民情，令我们收获良多。

在这短短 3 天 2 夜的北京比赛期间，虽然需要辛苦准备竞赛，但在过程中得到北京联合大学的老师、同学的热情协助，帮助我们解决设备上的问题，也感谢指导老师陈荣静教授，带队老师刘荧洁的协助和学校的支持，感谢组员们的互相帮助，才得以顺利参与这场竞赛。

| 参赛团队：朝阳科技大学（中国台湾）　　CYUTIM 队 |
| 作品名称：健康 E-Touch　　　　　　　　获奖情况：本科组一等奖 |
| 团队成员：洪伟智、吴秋华、丁昱衔、蔡家铭、李木信　指导教师：陈荣静 |

　　承袭学校一直以来的惯例，专题经历三个学期终于完成，而在过程中的压力势必都不如最后完成的欣喜。但仔细回顾过去却又会发现许多问题，以时间管理为例，如同老师在课堂上所言，若再让我们重做一次专题，我们真正需要花费的时间究竟要多久，虽然现在也无法很切确的说出一个时间来，但我能肯定的是一定不需要花费一年半这么久，那我们从头到尾到底做了哪些事，以至于需要这么多时间。

　　先从决定目标开始。刚开始大家还热列地讨论专题题目及方向，教授让我们各自提出自己的想法，共同讨论分析。只是分析结果到最后不是不可行就是太过于普通，而我们的专题又偏偏是竞赛专题，就更需要有特色呈现，否则，到外面比赛根本毫无竞争力可言。就在此时教授的指点帮助我们决定了专题目标。

　　因为终于有了方向而感到开心，也开始寻找可以参加的竞赛，就在这时，「2011 北京市大学生计算机应用大赛」进入我们的视线，于是，就决定要以此作为努力目标。

　　题目看似很容易，实际在搜寻数据时又频频遇到阻碍，不是还没什么人做，不然就是做出来的参考价值不多，让我们一时陷入窘境，甚至一度觉得是在做一件没有未来的事情，只是一事归一事，再怎么迷茫，心情低沉，该做的还是要着手准备，就这样一步一步的进行，虽说不上平顺，但也一一完成预期中的规划，同时也认识到在大赛的作业流程，以及该如何找出自己的特点脱颖。就这样跟着流程走，我们顺利完成报名参赛甚至是入围得奖，过程可以说是有惊有喜。

　　回顾在专题制作的最后阶段时发现，漏洞跟问题开始浮现，起初的设计拿出来看会让人吃惊，才惊觉原来当初没做的规划有很多缺陷，让每个环节产生连锁效应，但也因为时间紧迫而无法大幅度的修改，只能做些许的补救及调整，使得系统架构在看似完整的背后，其实操作上有些不可避免的小瑕疵，也所幸这一路以来的成长，人真的是需要接受不同的试炼才能知道自己的能力在哪，以及能力所及的位置在哪，即便结果未必都尽人意，但最重要的是能否找出问题并有办法去解决，而非任由它去。

　　与时间管理同样重要的就是人力，整个过程中的纷争不少，有人继续就有人放弃，一个没有向心力的团体又如何做出令人激赏的作品，一个没有共识的小组又如何携手走下去？于是我们不停地沟通，大家愿意为了共同的目标一起努力。虽然不敢说大家真的团结到无懈可击，但至少都能拿出该有的态度一同面对解决问题，最后一起完成了专题，看到付出的努力开花结果，不免感到欣慰。最重要的不是我们花了那么多时间做专题，而是我们从每一个阶段的作业流程中获得了什么，学习到什么，因而成长。

参赛团队：北大方正软件职业技术学院 3G 在 WO 团队

作品名称：车位预定系统　　　　　　　获奖情况：高职组一等奖

团队成员：李宁、刘登科、吴岳、宋玮　　　指导教师：宋远行

首先，我们衷心地感谢大赛主办方及专家领导，对我们参赛作品给予的支持与肯定！同时，衷心地感谢北大方正软件技术学院的领导和老师们给予我们的教导和鼓舞！

对 Android 智能手机的的强烈的兴趣，对 3G 应用软件开发的狂热，使得我们"3G 在 WO"团队成员聚集在一起。我一直都铭记着团队指导宋老师博客里的一句话："千万年修行，成就真功夫"。

在高速发展的 IT 时代，对于一款软件来说，它的创意与实用性显得尤为重要。为此，在完成团队的组建后，我们用半个暑假的时间开始了创意的寻找与社会市场的调查。到八月初，我们已汇集包括"车位预定系统"在内的三个想法。但到底哪个创意更有价值，更具可行性，让我很难取舍。在此期间我一直留在北京进修学习，一次周末被朋友约去吃饭，我们谈到了他表哥在北京的工作情况。他告诉我说："表哥去年刚买车，但一般都选择坐地铁出行。"我问："是因为上下班高峰期的堵车问题吗？"他回答到："堵是堵了点，多花一些时间还是能到达目的地，可是到了以后车该停哪呢，现在的停车位越来越不好找了……"

此话让我茅塞顿开，回来后我立即开始在网上搜索相关信息。据有关部门统计，北京现有机动车辆将近 500 万辆，而包括营利与非营利性车位总数才不足 250 万个。如此大的车位缺口，让"停车难"的问题显的尤为炙手。在车位这种硬件问题很难满足当前需求的情况下，我们为何不尝试着做一款软件来缓解一下此问题呢？随后我立即跟宋老师及其他队友通了电话。在我们团队成员一致赞成的情况下，立即开始撰写项目规划书和进度安排表。由我负责手机端软件开发，宋玮负责后台服务端的建设，刘登科负责界面设计与美工，吴岳负责软件测试及文档编辑。

不顾夏季的炎热，我们积极行动起来，彼此通过网络互动联系，软件的设计与开发工作在紧张有序地进行着。暑假还没有结束，我们就迫不及待返校，在学校里团队成员紧密合作，解决暑期存在的技术难题和设计缺陷问题。在此期间，宋老师为我们提出了很多宝贵的指导建议，让我们学会了如何规范编程，如何为用户着想，如何让设计的软件更加人

性化。又通过半个月的完善，我们终于完成了参赛项目的开发部署和测试发布工作，激动地拍下了操作视频。

在此特别感谢学院网络运营与开发部的老师们，为我们"车位预定系统"提供了部署后台服务端的运行环境，让我们的作品可以脱离手机模拟器，在真正的 3G 手机上，通过外部 IP 地址访问后台服务网站。也非常感谢大赛主办方为我们提供先进的软件开发云计算平台，为我们作品的发布演示及现场操作带来了极大的便利！

通过车位预定系统前后一个多月的研发和进入决赛对演示答辩的准备预演工作，让我们切实的懂得：团队合作的力量和重要性。而当我们整个团队站在众位专家评委面前时，我们是那么的胸有成竹，因为软件是我们自己设计开发的，我们熟知它的全部！

通过这次比赛，更加坚定了我在移动 3G 软件开发这条技术道路上走下去的决心。我深刻体会到，有时候一些事，并不是你做不到，而是想不到，借用乔布斯的一句话"活着就为改变世界！"尽管这句话对我们来说还比较遥远，但相信只要有一个好的团队，再加上明智的抉择与不懈的努力，我们一定能开创意想不到的美好未来！

（撰稿人：李宁）

第六部分 基于云计算的大赛技术支撑平台

云计算概述

    云计算是将大量价格低廉的服务器通过虚拟化技术进行松散耦合，构成大规模的可扩展计算中心和海量存储系统，通过互联网交付服务。用户对计算资源的使用可以像水、电等公共基础服务设施一样，随用随到，按需扩展，而不需要了解、控制支持这些服务的技术基础构架。

    云计算技术可使用户用较少资本支出，获得计算功能、扩展能力、服务和更多商业价值。云计算的核心特征：以服务为基础、具备可扩展性、支持共享、按使用计量、基于互联网技术。云计算的关键技术包括网格计算、网络存储、虚拟化技术等。云计算在建制架构上可以分为三个层次：应用程序、平台和基础设施，这决定了云计算能够提供三种类型的服务，包括 IaaS、PaaS 和 SaaS，见表 3。

表 3　云计算的服务类型

SaaS	软件即服务（Software as a Service） 为终端用户按需提供完整的应用程序
PaaS	平台即服务（Platform as a Service） 为用户提供应用程序开发的服务环境、中间件和数据库
IaaS	基础设施即服务（Infrastructure as a Service） 为用户提供虚拟的计算资源、互联网资源和存储资源

IaaS/PaaS/SaaS 的服务提供的云计算可以满足不同用户的业务需求。云计算为用户带来了新的计算模式和新的客户体验。

大赛云平台的结构

2011 年北京市计算机应用大赛技术支撑平台（见图 1）是云计算技术在教育服务应用领域的成功落地，竞赛期间有 99 个参赛作品部署在云端，参赛学生按需自主申请虚拟资源超过 400 次。

图 1　基于云计算技术的大赛网络运行平台（www.bjcac.buu.edu.cn）

大赛云平台 E2Cloud 系统框架如图 2 所示。云平台 IaaS 层基础设施采用服务器耦合成内存资源池和存储资源池，通过 VMware 虚拟化技术，提供 Windows 操作系统虚拟机和 iOS 操作系统等模板；在 PaaS 层提供竞赛规定的全部 7 个移动开发平台（Android、Apple iOS、Windows Mobile、J2ME、MTK、BlackBerry、Symbian）；在 SaaS 层由参赛团队部署作品（程序软件），并为大赛评审系统、大赛服务系统、大赛网络商城提供技术支撑服务。

图 2 北京市计算机应用大赛云平台 E2Cloud 的系统框架

本届大赛，首次应用云计算虚拟化技术为各参赛团队提供按需使用的计算资源，为竞赛评委提供跨区域评审环境，为运营商移动应用商城提供服务接口。图 3 所示为云平台应用逻辑服务架构。

图 3 北京市计算机应用大赛云平台应用逻辑服务架构

大赛云平台的主要功能

一、为团队提供服务

通过大赛云计算平台，参赛团队可以通过 Web 随时随地访问云端开发环境，云平台分为教育网（http：//ecloud. bjcac. buu. edu. cn）和公网（http：//cloud. bjcac. buu. edu. cn）两个登录通道，如图 14 所示。

图 4　北京市计算机大赛云平台登录通道

参赛团队根据参赛需求向云平台申请资源，申请界面如图 5 所示。资源使用时长可以由团队根据开发需求选择（30 分钟到 12 个月）；可选择 7 大移动开发平台，仅需 2 分钟，所申请资源即可交付用户使用。

图 5　云平台资源申请界面

开发版本根据大赛需求定制，资源信息、虚拟资源与开发环境如图 6 所示。云端资源可以轻松维护、建立快照、备份多个开发测试环境和版本，方便团队成员进行协同开发工作，在云平台上实现作品远程调试与运行，提高团队效率。

图 6　云计算平台虚拟计算资源信息、虚拟资源与开发环境

大赛云计算平台采用负载均衡技术（见图 7），提高云平台的硬件支撑能力、数据的访问速度，确保应用系统的可用性和可靠性。

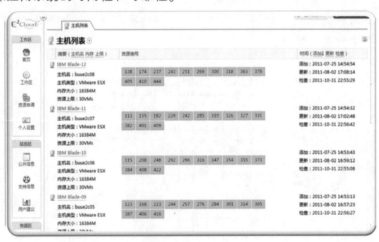

图 7　负载均衡

二、为评审提供服务

本届大赛覆盖"京、港、澳、台"地区，评审专家也来自两岸四地，采用集中式现场评审方式比较困难，大赛依托云计算平台，为评议环节提供跨区域网络评审服务，提高了效率，节约了成本。专家网络评审可以通过云计算平台查看每个参赛队在虚拟资源上部署的作品运行情况及源代码，界面如图 8 所示；专家评审意见通过网页向组委会提交。

图 8 评审云平台界面

三、计算机大赛移动应用商城

通过积累优秀的参赛作品，建立大赛移动应用商城（见图 9），实现参赛作品的分级分类展示与管理；大赛应用商城与运营商对接，全方位的推广学生作品；进一步促进学生对移动终端应用开发的认识和学习；逐步建立计算机应用大赛的品牌商城。

图 9 移动应用商城

移动开发实验室平台介绍

平台一　Android

Android 一词的本义指"机器人"，同时也是 Google 于 2007 年 11 月 5 日宣布的基于 Linux 平台的开源手机操作系统的名称，该平台由操作系统、中间件、用户界面和应用软件组成，号称是首个为移动终端打造的真正开放和完整的移动软件。目前，最新版本为 Android 2.4 Gingerbread 和 Android 3.0 Honeycomb。

系统简介

Android 是基于 Linux 内核的操作系统，是 Google 公司在 2007 年 11 月 5 日公布的手机操作系统。

早期由原名为"Android"的公司开发，谷歌在 2005 年收购"Android. Inc"后，继续进行对 Android 系统开发运营，它采用了软件堆层（software stack，又名以软件叠层）的架构，主要分为三部分。底层 Linux 内核只提供基本功能，其他的应用软件则由各公司自行开发，部分程序以 Java 编写。

2011 年初数据显示，仅正式上市两年的操作系统 Android 已经超越称霸十年的塞班系统，使之跃居全球最受欢迎的智能手机平台。现在，Android 系统不但应用于智能手机，也在平板电脑市场急速扩张。

采用 Android 系统的主要厂商包括美国摩托罗拉（MOTOROLA）、台湾 HTC、韩国三星（SAMSUNG）、英国索尼爱立信（Sony Ericsson），另外还有中国厂商，如华为、中兴、联想等，其中，摩托罗拉占有安卓操作系统目前最大的市场份额，可以称得上是安卓操作系统的领军者。

系统架构

应用程序

Android 以 Java 为编程语言，使接口到功能，都有层出不穷的变化，其中，Activity

等同于 J2ME 的 MIDlet，一个 Activity 类（class）负责创建视窗（window），一个活动中的 Activity 就是在 foreground（前景）模式，背景运行的程序称为 Service。两者之间通过由 ServiceConnection 和 AIDL 链连，达到复数程序同时运行的效果。如果运行中的 Activity 全部画面被其他 Activity 取代时，该 Activity 便被停止（stopped），甚至被系统清除（kill）。

View 等同于 J2ME 的 Displayable，程序人员可以通过 View 类与"XMLlayout"档将 UI 放置在视窗上，Android 1.5 的版本可以利用 View 打造出 Widgets。其实，Widget 只是 View 的一种，所以可以使用 XML 来设计 layout，HTC 的 AndroidHero 手机即含有大量的 Widget。至于 ViewGroup 是各种 layout 的基础抽象类（abstract class），ViewGroup 之内还可以有 ViewGroup。View 的构造函数不需要在 Activity 中调用，但是 Displayable 的是必须的，在 Activity 中，要通过 findViewById() 来从 XML 中取得 View，Android 的 View 类的显示很大程度上是从 XML 中读取的。View 与事件（event）息息相关，两者之间通过 Listener 结合在一起，每一个 View 都可以注册一个 event listener，例如，当 View 要处理用户触碰（touch）的事件时，就要向 Android 框架注册 View. OnClickListener。另外，还有 Image 等同于 J2ME 的 BitMap。

中介软件

操作系统与应用程序的沟通桥梁，并用分为两层：函数层（Library）和虚拟机（Virtual Machine）。Bionic 是 Android 改良 libc 的版本。Android 同时包含了 Webkit，Webkit 是 Apple Safari 浏览器背后的引擎。Surface flinger 是就 2D 或 3D 的内容显示到屏幕上。Android 使用工具链（Toolchain）为 Google 自制的 Bionic Libc。Android 采用 Open-CORE 作为基础多媒体框架。OpenCORE 可分 7 大块：PVPlayer、PVAuthor、Codec、PacketVideo MultimediaFramework（PVMF）、Operating System Compatibility Library（OSCL）、Common、OpenMAX。

Android 使用 Skia 为核心图形引擎，搭配 OpenGL/ES。Skia 与 Linux Cairo 功能相当，但相较于 Linux Cairo，Skia 功能还只是雏形的。2005 年 Skia 公司被 Google 收购，2007 年初，Skia GL 源码被公开，目前，Skia 也是 Google Chrome 的图形引擎。

Android 的多媒体数据库采用 SQLite 数据库系统。数据库又分为共享数据库及私用数据库。用户可通过 ContentResolver 类（Column）取得共享数据库。

Android 的中间层多以 Java 实现，并且采用特殊的 Dalvik 虚拟机（Dalvik Virtual Machine）。Dalvik 虚拟机是一种"暂存器型态"（Register Based）的 Java 虚拟机，变量皆存放于暂存器中，虚拟机的指令相对减少。

Dalvik 虚拟机可以有多个实例（instance），每个 Android 应用程序都用一个自属的 Dalvik 虚拟机来运行，让系统在运行程序时可达到优化。Dalvik 虚拟机并非运行 Java 字节码（Bytecode），而是运行一种称为 .dex 格式的文件。

硬件抽像层

Android 的 HAL（硬件抽像层）是能以封闭源码形式提供硬件驱动模块。HAL 的目的是为了把 Android framework 与 Linux kernel 隔开，让 Android 不至过度依赖 Linux kernel，以达成 kernel independent 的概念，也让 Android framework 的开发能在不考虑驱动程序实现的前提下进行发展。

HALstub 是一种代理人（proxy）的概念，stub 是以 *.so 档的形式存在。stub 向 HAL "提供"操作函数（operations），并由 Android runtime 向 HAL 取得 stub 的 operations，再 callback 这些操作函数。HAL 里包含了许多的 stub（代理人）。Runtime 只要说明 "类型"，即 module ID，就可以取得操作函数。

编程语言

Android 是运行于 Linux kernel 之上，但并不是 GNU/Linux。因为在一般 GNU/Linux 里支持的功能，Android 大都没有支持，包括 Cairo、X11、Alsa、FFmpeg、GTK、Pango 及 Glibc 等都被移除掉了。Android 又以 bionic 取代 Glibc、以 Skia 取代 Cairo、再以 opencore 取代 FFmpeg 等。Android 为了达到商业应用，必须移除被 GNU GPL 授权证所约束的部分，例如，Android 将驱动程序移到 userspace，使得 Linux driver 与 Linux kernel 彻底分开。bionic/libc/kernel/并非标准的 kernel header files。Android 的 kernel header 是利用工具由 Linux kernel header 所产生的，这样做是为了保留常数、数据结构与宏。

目前，Android 的 Linux kernel 控制包括安全（Security），存储器管理（Memory Management），程序管理（Process Management），网络堆栈（Network Stack），驱动程序模型（Driver Model）等。下载 Android 源码之前，先要安装其构建工具 Repo 来初始化源码。Repo 是 Android 用来辅助 Git 工作的一个工具。

Android 平台五大优势特色

一、开放性

在优势方面，Android 平台首先就是其开放性，开发的平台允许任何移动终端厂商加入到 Android 联盟中来。显著的开放性可以使其拥有更多的开发者，随着用户和应用的日益丰富，一个崭新的平台也将很快走向成熟。

开放性对于 Android 的发展而言，有利于积累人气，这里的人气包括消费者和厂商，而对于消费者来讲，最大的受益正是丰富的软件资源。开放的平台也会带来更大竞争，如此一来，消费者将可以用更低的价位购得心仪的手机。

二、挣脱运营商的束缚

在过去很长的一段时间，特别是在欧美地区，手机应用往往受到运营商制约，使用什么功能接入什么网络，几乎都受到运营商的控制。自从 iPhone 上市以来，用户可以更加方便地连接网络，运营商的制约减少。随着 EDGE、HSDPA 这些 2G～3G 移动网络的逐步过渡和提升，手机随意接入网络已不是运营商口中的笑谈。

三、丰富的硬件选择

这一点还是与 Android 平台的开放性相关，由于 Android 的开放性，众多的厂商会推出千奇百怪，各具功能特色的产品。功能上的差异和特色，却不会影响到数据同步、甚至软件的兼容。假设你从诺基亚 Symbian 风格手机一下改用苹果 iPhone，同时还可将 Symbian 中优秀的软件带到 iPhone 上使用、联系人等资料更是可以方便地转移。

四、不受任何限制的开发商

Android 平台提供给第三方开发商一个十分宽泛、自由的环境。因此，不会受到各种条条框框的阻挠，可想而知，会有多少新颖别致的软件会诞生。但也有其两面性，血腥、暴力、情色方面的程序和游戏如何控制正是留给 Android 的难题之一。

五、无缝结合的 Google 应用

如今叱咤互联网的 Google 已经走过 10 年多的历史。从搜索巨人到全面的互联网渗透，Google 服务（如地图、邮件、搜索等）已经成为连接用户和互联网的重要纽带，而 Android 平台手机将无缝结合这些优秀的 Google 服务。

平台二　Symbian

概述

Symbian 操作系统的前身是英国宝意昂公司（Psion）的 EPOC 操作系统，而 EPOC 是 Electronic Piece of Cheese 取第一个字母而来的，其原意为"使用电子产品时可以像吃奶酪一样简单"，这就是它在设计时所坚持的理念。

为了对抗微软及 Palm，取得未来智能移动终端领域的市场先机，1998 年 6 月，诺基亚、摩托罗拉（MOTOROLA）、爱立信（ERICSSON）、三菱（MITSUBISHI）和宝意昂（Psion）在英国伦敦共同投资成立 Symbian 公司。2008 年已被诺基亚全额收购。

一般来说，Symbian 系统主要由以下几个硬件部分组成，中央处理器、ROM、RAM、IO 设备和电源。各个硬件构成各司其职，保证系统的运行。Symbian 系统一般采用 32 位处理器，系统运行及数据运算都依靠处理器来完成。ROM 内固化 Symbian 系统和设备自带的各项功能。RAM 则是用以存放当前活动的程序和系统运行必需的数据，以及各类临时性交换文件，或者作为 WAP 缓存等，此外，还负责存放用户的一些数据。IO 设备包括一般的控制设备，如键盘，触摸屏、扩展存储卡、蓝牙接口等。电源则为电池或者外接电源。以 Series 60 手机为例，一般会采用德州仪器的 ARM 处理器，在插入存储卡之后，系统一般存在四个逻辑存储驱动器：C 盘——手机自带的用户存储盘，即 Flash Memory，这种芯片的优点是不需要电力来维持资料，并且可以随时修改；D 盘则是一个以空闲运行内存虚拟的缓存盘；E 盘是用户插入的 MMC 卡；Z 盘则固化了系统，即我们之前提到的 ROM。

Symbian 的系统内核为 EPOC32，在电话功能上有很大优势，如信号强度非常好等，但是却仅用于 ARM 平台。另外，Symbian 的内核是用 C++写的，所以对 C++的支持性是最好的。

SymbianOS 发展重要年鉴

1998 年

Symbian 成立于 1998 年 6 月，是由爱立信、摩托罗拉、诺基亚和 Psion 共同持股的独

立私营公司。

为了对抗微软及将能够运行开放操作系统的移动通信终端产品引进大众消费领域，取得未来智能移动终端领域的市场先机，1998 年 6 月，诺基亚（NOKIA）、摩托罗拉（MOTOROLA）、爱立信（ERICSSON）、三菱（MITSUBISHI）和 Psion 在英国伦敦共同投资成立 Symbian 公司。

2000 年

2000 年，全球第一款基于 Symbian 操作系统的手机，采用 Symbian5.0 的爱立信 R380Smartphone 正式向公众出售。这款手机被称为智能手机的鼻祖。

2001 年

2001 年，全球第一款基于 Symbian 操作系统的 2.5G 手机，诺基亚 7650 发布。另外，全球第一款采用开放式 Symbian 6.0 操作系统的手机，诺基亚 9210 也向公众发售，同时还提供多样的开发商工具。

同年，富士通与西门子取得 Symbian 操作系统许可证，加入 Symbian。

2003 年

2003 年 Symbian 发布了全新的 Symbian OS v7.0 版本。

在当年中国智能手机系统平台市场份额中，Symbian 占有整个智能手机系统平台市场份额的 66.%，处于绝对领先，微软操作系统紧随其后，占有 22.5% 的市场份额，而 Palm OS 和 Linux 在中国智能手机系统平台市场份额中的份额还非常小。

Symbian 作为最老牌的手机操作系统平台的开发商，在进入了智能手机时代后，Symbian 也并没有放弃发展的机会，以 Symbian7 全新的风格来迎接时代的挑战，新的操作系统具备了多媒体娱乐，无线传输（包括蓝牙），并且加入了 Sun 公司的新 Java 虚拟机（JVM），可以提供更高的性能和有利于 Java 应用程序的下载。并可以适用于 GSM，CDMA 等多种模式，同时为了配合流行的操作习惯，基于 SMYBAIN，OS 厂家推出了三种平台：S60 配合单手操作，S80 配合双手操作，UIQ 配合使用触笔操作。

2008 年

2008 年 6 月 24 日塞班公司被诺基亚全资收购，成为诺基亚旗下公司。2008 年，Symbian 智能手机累计出货量超过 2 亿部。同年，Symbian 协会成立，致力于 Symbian 开源计划及 Symbian 的转型。

2009 年

2009 年，诺基亚推出的 Maemo 是一个基于 Linux 的移动设备软件平台，被看做诺基亚的顶级操作系统品牌，用于弥补 Symbian 的某些不足。

2009 年年底，首款采用 Maemo 系统的智能手机诺基亚 N900 上市。

2010 年

2010 年 4 月诺基亚发布第一款采用 Symbian^3 操作系统的手机"诺基亚 N8"。Symbian^3 从系统内核部分针对触摸屏进行了优化，提供了超过 250 项更新，触摸体验远远超过 s60v5，且支持多点触控。

2010 年 2 月 4 日，Symbian 开源计划获得了开放源代码许可证，意味着 Symbian 源代码可供第三方开发商和开发者免费使用。同日，Symbian 协会也对外表示任何个人或组织都可以免费利用 Symbian 平台。

自 2010 年之后，Symbian 智能手机已经全面支持 Qt 开发，Qt 是一个跨平台应用程序和 UI 开发框架。使用 Qt 只需一次性开发应用程序，无须重新编写源代码，便可跨不同桌面和嵌入式操作系统部署程序。

2011 年初

随着 Google 的 Android 系统和苹果 iPhone 火速占据手机系统市场，Symbian 基本已失去手机系统霸主的地位。而诺基亚由于一直没跟 Android 合作，导致其业绩下滑，并决定与 Windows Phone 的主人——微软合作，将 Windows Phone 作为诺基亚的主要操作系统，而 Symbian 则作为一个短期投资，在一两年内继续支撑公司的发展，并最终被 Windows Phone 取代。

2011 年 3 月

3 月 30 日，据国外媒体报道，诺基亚周五通过 Symbian 官方博客宣布正式开放 Symbian 系统的源代码，这意味着所有公司及个人开发者都可以无条件获得该代码使用权。

诺基亚智能手机部门开源项目主管皮翠亚·索德林（Petra Sderling）表示："我们会尽量把塞班系统的代码、技术应用到全新的系统架构中。目前，大部分源代码已上传完毕，剩下的部分也将在近几周内上传"。

尽管诺基亚在二月份宣布将 Windows Phone 7 系统作为今后其手机的主打系统，但是诺基亚依然会在短期内继续投资塞班系统，包括在 2011 年年底前推出具有全新的用户界面、更高的分辨率和 1G 主屏处理器的新 Symbian 手机，同时新系统也通过升级的方式提供给所有 Symbian^3 用户。

多年来，Symbian 系统一直占据智能系统的市场霸主地位，系统能力和易用性等各方面已经得到了市场和手机用户们的广泛认可。

平台三 Windows Mobile

Windows Mobile 是 Microsoft 用于 PocketPC 和 Smartphone 的软件平台。Windows Mobile 将熟悉的 Windows 桌面扩展到了个人设备中。Windows Mobile 是微软为手持设备推出的"移动版 Windows"，使用 Windows Mobile 操作系统的设备主要有 PPC 手机、PDA、随身音乐播放器等。Windows Mobile 操作系统有三种，分别是 Windows Mobile Standard、Windows Mobile Professional，Windows Mobile Classic。目前常用版本为 Windows Mobile 6.1、6.5。

Windows Mobile 的常见功能

Pocket PC&Pocket PC Phone | Pocket PC Phone 系列

Today（类似 Symbian OS 的 Active Standby，用来显示个人信息管理系统资料）

Internet Explorer（和 PC 版 Internet Explorer 相似）

Inbox（讯息中心，整合 Outlook E-mail 与简讯功能）

Windows Media Player（和 PC 版 Windows Media Player 相似）

File Explorer（和 PC 版 Windows Explorer 相似）

MSN Messenger/Windows Live（和 PC 版 Msn Messenger 相似）

Office Mobile（和 PC 版 Microsoft Office 相似，有 Word，Powerpoint 和 Excel，由厂方选配，也可以自己安装，目前，最流行的是 2003 版的 Office Mobile。）

ActiveSync（与 PC 连接并用于交换资料，PC 上也要安装相应的工具软件才可以与 PC 链接并用于交换资料。）

Smart Phone 系列

开始菜单：开始菜单是 Smartphone 用户运行各种程序的快捷方法。类似于桌面版本的 Windows，Windows Mobile for Smartphone 的开始菜单主要也由程序快捷方式的图标组成，并且为图标分配了数字序号，便于快速运行。

标题栏：标题栏是 Smartphone 显示各种信息的地方，包括当前运行程序的标题及各种托盘图标，如电池电量图标，手机信号图标，输入法图标及应用程序放置的特殊图标。在 Smartphone 中标题栏的作用类似于桌面 Windows 中的标题栏加上系统托盘。

电话功能：Smartphone 系统的应用对象均为智能手机，故电话功能是 Smartphone 的重要功能。电话功能在很大程度上与 Outlook 集成，可以提供拨号、联系人、拨号历史等功能。

Outlook：Windows Mobile 均内置了 Outlook ｜ Outlook Mobile，包括任务、日历、联系人和收件箱。Outlook Mobile 可以同桌面 Windows 系统的 Outlook 同步及同 Exchange Server 同步（此功能需要 Internet 链接）Microsoft Outlook 的桌面版本往往由 Windows Mobile 产品设备附赠。

Windows Media Player Mobile：WMPM 是 Windows Mobile 的捆绑软件。其起始版本为 9，但大多数新的设备均为 10 版本，更有网友推出了 Windows Media Player Mobile11。针对现有的设备，用户可以由网上下载升级到 WMPM10 或者 WMPM11。WMPM 支持 WMA，WMV，MP3 及 AVI 文件的播放。目前 MPEG 文件不被支持，但可经由第三方插件可以获得支持。某些版本的 WMPM 同时兼容 M4A 音频。

目前，微软的 Windows Mobile 系统已广泛用于智能手机和掌上电脑，虽然手机市场份额尚不及 Symbian（塞班），但正在加速赶上，目前，生产 Windows Mobile 手机的最大厂商是中国台湾 HTC（国内产品称为多普达），贴牌厂家：02XDA，T-Mobile，Qtek，Orange 等），其他的还有东芝，惠普，Mio（神达），华硕，索爱，三星，LG，Motorola，联想，斯达康，夏新等。2010 年 2 月，微软公司正式发布 Windows Phone 7 智能手机操作系统，简称 WP7，并于 2010 年年底发布了基于此平台的硬件设备。主要生产厂商有三星，HTC，LG 等，从而宣告了 Windows Mobile 系列彻底退出了手机操作系统市场。全新的 WP7 完全放弃了 WM5，6X 的操作界面，而且程序互不兼容。

与其他手机操作系统的比较：

优点

（1）界面类似于 PC 上的 Windows，便于熟悉电脑的人操作。

（2）预装软件丰富，内置 Office Word，Excel，Power Point，可浏览或者编辑，内置 Internet Explorer，Media Player。

（3）电脑同步非常便捷，完全兼容 Outlook，OfficeWord，Excel 等。

（4）多媒体功能强大，借助第三方软件可播放几乎任何主流格式的音视频文件。

（5）操作方式灵活，可以进行很方便的触摸式操作，也可以使用手写笔或者其他有尖端的工具进行像素级别的操作，有些型号有数字键盘或者全键盘，能比较快速地输入文字。

（6）极为丰富的第三方软件，特别是词典，卫星导航软件均可运行。

（7）文件兼容性佳，利用内置及三方软件基本上能兼容计算机上使用的常用格式

文档。

（8）价格区间大，从低端 700～800 元的手机到高端 7000～8000 元的手机均装备此操作系统，适合各个消费层次的消费者使用。

缺点

（1）对不熟悉计算机的人来说操作较为复杂。

（2）相机目前最大为 810 万像素（索爱 X2 等，2009 年）。

（3）软件配置不合理会有死机现象。

Windows Mobile 相对应的智能操作系统还有塞班系统及苹果和谷歌的手机操作系统。

平台四 J2ME

Java ME 过去称为 J2ME（Java Platform，Micro Edition），是为机顶盒、移动电话和 PDA 之类嵌入式消费电子设备提供的 Java 语言平台，包括虚拟机和一系列标准化的 Java API。它和 Java SE、Java EE 一起构成 Java 技术的三大版本，并且同样是通过 JCP（Java Community Process）制订的。

简介

Java ME（Java 2 Micro Edition）是 Java 2 的一个组成部分，它与 J2SE、J2EE 并称。根据 Sun 的定义：Java ME 是一种高度优化的 Java 运行环境，主要针对消费类电子设备，例如，蜂窝电话和可视电话、数字机顶盒、汽车导航系统等。Java ME技术在 1999 年的 JavaOne Developer Conference 大会上正式推出，它将 Java 语言的与平台无关的特性移植到小型电子设备上，允许移动无线设备之间共享应用程序。

设计规格

J2ME 在设计其规格的时候，遵循「对于各种不同的装置而造出一个单一的开发系统是没有意义的事」这个基本原则。于是，Java ME 先将所有的嵌入式装置大体上区分为两种：一种是运算功能有限、电力供应也有限的嵌入式装置（如 PDA、手机）；另外一种则是运算能力相对较佳、并且在电力供应上相对比较充足的嵌入式装置（例如，冷气机、电冰箱、电视机顶盒（set-top box））。因为这两种型态的嵌入式装置，所以 Java 引入了一个名为 Configuration 的概念，然后把上述运算功能有限、电力有限的嵌入式装置定义在 Connected Limited DeviceConfiguration（CLDC）规格之中；而另外一种装置则规范为 Connected Device Configuration（CDC）规格。也就是说，Java ME 先把所有的嵌入式装置利用 Configuration 的概念区隔成两种抽象的型态。

其实在这里，大家可以把 Configuration 当做 Java ME 对于两种类型嵌入式装置的规格，而这些规格之中定义了这些装置至少要符合的运算能力、供电能力、记忆体大小等规范，同时也定了一组在这些装置上执行的 Java 程序所能使用的类别函式库、这些规范之中所定义的类别函式库为 Java 标准核心类别函式库的子集合及与该型态装置特性相符的扩充类别函式库。就 CLDC 的规范来说，可以支持的核心类别函式库为 java. lang. *、

javaio. * 、java. util. * ，而支援的扩充类别函式库为 javamicroeditionio. * 。区分两种主要的 Configuration 后，Java ME 接着定义 Profile 的概念。Profile 是架构在 Configuration之上的规格。之所以有Profile的概念，是为了要更明确地区分各种嵌入式装置上 Java 程序该如何开发及它们应该具有哪些功能。因此，Profile 之中定义了与特定嵌入式装置非常相关的扩充类别函式库，而 Java 程序在各种嵌入式装置上的用户接口该如何呈现就是定义在 Profile 里头。Profile 之中所定义的扩充类别函式库是根据底层 Configuration 内所定义的核心类别函式库所建立的。

架构介绍

与 J2SE 和 J2EE 相比，Java ME 总体的的运行环境和目标更加多样化，但其中每一种产品的用途却更为单一，而且资源限制也更加严格。为了在达到标准化和兼容性的同时尽量满足不同方面的需求，Java ME 的架构分为 Configuration、Profile 和 Optional Packages（可选包）。它们的组合取舍形成了具体的运行环境。Configuration 主要是对设备纵向的分类，分类依据包括存储和处理能力，其中定义了虚拟机特性和基本的类库。已经标准化的 Configuration 有 Connected Limited Device Configuration（CLDC）和 Connected Device Configuration（CDC）。Profile 建立在 Configuration 基础之上，一起构成了完整的运行环境。它对设备横向分类，针对特定领域细分市场，内容主要包括特定用途的类库和 API。CLDC 上已经标准化的 Profile 有 Mobile Information Device Profile（MIDP）和 Information Module Profile（IMP），而 CDC 上标准化的 Profile 有 Foundation Profile（FP）、Personal Basis Profile（PBP）和 Personal Profile（PP）。可选包独立于前面两者提供附加的、模块化的和更为多样化的功能。目前，标准化的可选包包括数据库访问、多媒体、蓝牙等。

开发工具

开发 Java ME 程序一般不需要特别的开发工具，开发者只需要装上。Java 开发工具 Java SDK 及下载免费的 Sun Java Wireless Toolkit 2. xx 系列开发包，就可以开始编写 Java ME 程序，编译及测试，目前主要的 IDE（Eclipse 及 NetBeans）都支持 Java ME 的开发，个别的手机开发商如 Nokia、Sony Ericsson、摩托罗拉、Android 系统都有自己的 SDK，供开发者再开发出与其兼容的平台的程序。

平台五　MTK

MTK 是台湾联发科技多媒体芯片提供商的简称，全称为 MediaTek。公司早期主要生产以 DVD，CDROM 等存储器的 IC 芯片闻名。在 2000 年后，联发科在手机方面也推出了一系列的 IC 芯片，目前其已经成为世界十大 IC 芯片设计厂商之一。

MTK 历程

1997 年，联发科从联电分拆出来。

1999 年底，联发科董事长蔡明介找到了在美国 Rockwell 公司（1999 年分拆出科胜讯）从事手机基带芯片开发的徐至强。

2001 年 1 月，联发科手机芯片部门正式运营，开始研发手机基带芯片。

2003 年年底，开始量产出货，但是没有国产手机制造商理会这家新兴的手机基带芯片厂商。因此，联发科在台湾成立了一家手机设计合资公司达智，从事 ODM 业务，以证明自己。由于芯片的质量和功耗不错，软件完整，采用 MTK 的方案，最多是 3～6 个月，通常是 3～4 个月出一款手机。一套这样的系统极便宜，在深圳只卖 300～400 块钱，由此，成为黑手机芯片之王。

2005 年，联发科向中国品牌手机企业推广，随后 MTK 方案开始大量进入了中国品牌手机制造商。

2006 年，联发科已经占据中国手机基带芯片市场的 40％以上，被波导、TCL、联想、康佳、龙旗、希姆通和天宇等中国主要手机设计公司和制造商采用。2006 年第二季度的净利润率为 41％。

2007 年，营业收入达到新台币 804.09 亿，较 2006 年增加 51％。手机芯片出货量高达 1.5 亿颗，全球市场占有率近 14％，仅次于德州仪器及高通。2007 年 TV 芯片产品线市占率，已仅次于泰鼎微电子（Trident）的 21％，而达到 17％。

2008 年 1 月 12 日，宣布 3.5 亿美元完成对 ADI 手机芯片收购。完成此项收购后，将增加新的手机基频、射频芯片，包括 GSM、GPRS、EDGE、WCDMA、TD-SCDMA 等产品线，将加速联发科进军 3G 手机芯片市场。

技术开发参数

Microsoft Visual C＋＋6.0、ARM Development suite（ADS）1.2、MTK 3.0 SDK、Visual Assist X。搭建 MTK 软件开发环境、实验室开发环境安装与调试。

目前，市场上主流的平台有 TI、摩托罗拉、飞利浦、MTK、ADI、展讯、英飞凌、凯明等。我个人的意见是 TI 平台占有率最高，而 MTK 平台开发最容易。目前，市场上飞利浦平台在功耗上相对有优势，TI 平台和 MTK 平台在手机成本上有着相对的优势。服务方面所有手机平台没有特别大的差别。

中国台湾的 MTK 公司的产品因为集成较多的多媒体功能和较低的价格在大陆手机公司和手机设计公司得到广泛的应用。

由于 MTK 的完工率较高，基本上在 60％以上，这样手机厂商拿到手机平台基本上就是一个半成品，只要稍微的加工就可上架出货。这也正是许多黑手机都使用 MTK 的最主要的原因。

MTK 的解决方案就是将主板、芯片、GPRS 模块及系统软件捆绑在一起卖给手机厂商。手机厂商只要做个外壳，加上电池和屏幕，如果要导航功能再加个 GPS 的导航模块，这样一部大屏幕，触摸手写，支持 MP3、MP4，支持扩展卡和蓝牙的的手机就诞生了。

现今，国产手机大量使用 MTK 平台，一部手机是否采用十分容易分辨。

假设你拿到一部手机，你可以解开键盘锁，在拨号界面按下 ＊＃220807＃，如跳转到 WAP 界面或者软件列表，那就一定是 MTK 平台的手机了。

平台六 iOS

苹果 iOS 是由苹果公司开发的手持设备操作系统。苹果公司最早于 2007 年 1 月 9 日的 Macworld 大会上公布这个系统，最初是设计给 iPhone 使用的，后来陆续套用到 iPodtouch、iPad 及 Apple TV 等苹果产品上。iOS 与苹果的 MacOSX 操作系统一样，它也是以 Darwin 为基础的，因此，同样属于类 Unix 的商业操作系统。原本这个系统名为 iPhone OS，直到 2010 年 6 月 7 日 WWDC 大会上宣布改名为 iOS。截至 2011 年 11 月，根据 Canalys 的数据显示，iOS 已经占据了全球智能手机系统市场份额的 30％，在美国的市场占有率为 43％。

系统结构

iOS 的系统结构分为四个层次：核心操作系统（the Core OS layer），核心服务层（the Core Services layer），媒体层（the Media layer），Cocoa 触摸框架层（the Cocoa Touch layer）。

用户界面

iOS 的用户界面的概念基础上是能够使用多点触控直接操作。控制方法包括滑动，轻触开关及按键。与系统交互包括滑动（swiping），轻按（tapping），挤压（pinching）及旋转（reverse pinching）。此外，通过其内置的加速器，可以令其旋转设备改变其 y 轴以令屏幕改变方向，这样的设计令 iPhone 更便于使用。屏幕的下方有一个 home 按键，底部则是 dock，有四个用户最经常使用的程序的图标被固定在 dock 上。屏幕上方有一个状态栏能显示一些有关数据，如时间、电池电量和信号强度等。其余的屏幕用于显示当前的应用程序。启动 iPhone 应用程序的唯一方法就是在当前屏幕上单击该程序的图标，退出程序则是按下屏幕下方的 home 键。在第三方软件退出后，它直接就被关闭了，但在 iPhone3.0 及后续版本中，当第三方软件收到了新的信息时，苹果公司的服务器将把这些通知推送至 iPhone 或 iPod Touch 上（不管它是否正在运行中）。在 iPhone 上，许多应用程序之间都是有联系的，这样，不同的应用程序能够分享同一个信息（当你收到了包括一个电话号码的短信息时，你可以选择是将这个电话号码存为联络人或

是直接选择这个号码打一通电话)。

支持软件

iPhone 和 iPod Touch 使用基于 ARM 架构的中央处理器，而不是苹果的麦金塔计算机使用的 x86 处理器（就像以前的 PowerPC 或 ［［MC68000｜MC680x0]]），它使用由 PowerVR 视频卡渲染的 OpenGLES 1.1.。因此，MacOSX 上的应用程序不能直接复制到 iOS 上运行。他们需要针对 iOS 的 ARM 重新编写。但就像下面所提到的，Safari 浏览器支持 "Web 应用程序"。从 iOS 2.0 开始，通过审核的第三方应用程序已经能够通过苹果的 AppStore 进行发布和下载了。

自带应用程序

在 4.3 版本的固件中，iPhone 的主接口包括以下自带的应用程序：SMS（短信）、日历、照片、YouTube、股市、地图（AGPS 辅助的 Google 地图）、天气、时间、计算机、备忘录、系统设置、iTunes（将会被链接到 iTunes Music Store 和 iTunes 广播目录）、App Store、Game Center 及联络信息。还有四个位于最下方的常用应用程序，包括电话、Mail、Safari 和 iPod。

除了电话、短信，iPod Touch 保留了大部分 iPhone 自带的应用程序。iPhone 上的 "iPod" 程序在 iPod Touch 上被分成了两个：音乐和视频。位于主界面最下方 dock 上的应用程序也根据 iPod Touch 的主要功能而改成了音乐、视频、照片、iTunes、Game Center，第四代的 iPod Touch 更加有了相机和摄像功能！

iPad 只保留部分 iPhone 自带的应用程序日历、通讯录、备忘录、视频、YouTube、iTunes Store、App Store 及设置；四个位于最下方的常用应用程序是 Safari、Mail、照片和 iPod。

软件开发工具包

2007 年 10 月 17 日，史蒂夫·乔布斯在一封张贴于苹果公司网页上的公开信上宣布软件开发工具包。它将在 2008 年 2 月提供给第三方开发商。软件开发工具包于 2008 年 3 月 6 日发布，并允许开发人员开发 iPhone 和 iPod touch 的应用程序，并对其进行测试，名为 "iPhone 手机模拟器"。然而，只有在付出了 iPhone 手机开发计划的费用后，应用程序才能发布。自从 Xcode 3.1 发布以后，Xcode 就成为了 iPhone 软件开发工具包的开发环境。

可使用的设备

主要有 iPhone 系列，iTouch 系列还有现在非常火爆的 iPad 系列。

平台七 BlackBerry

"黑莓"（BlackBerry）是加拿大 RIM 公司推出的
一种移动电子邮件系统终端，其特色是支持推动式电
子邮件、手提电话、文字短信、互联网传真、网页浏
览及其他无线资讯服务。

从技术上来说，BlackBerry 是一种采用双向寻呼模式的移动邮件系统，兼容现有的无
线数据链路。它出现于 1998 年，RIM 的品牌战略顾问认为，无线电子邮件接收器挤在一
起的小小的标准英文黑色键盘，看起来像是草莓表面的一粒粒种子，就起了这么一个有趣
的名字。应该说，Blackberry 与桌面 PC 同步堪称完美，它可以自动把你 Outlook 邮件转
寄到 BlackBerry 中，不过在你用 BlackBerry 发邮件时，它会自动在邮件结尾加上 "此邮
件由 BlackBerry 发出" 字样。BlackBerry. nterpriseSolution 是一种领先的无线解决方案，
可供移动专业人员用来实现与客户、同事和业务运作所需的信息链接。这是一种经证明有
效的优秀平台，它为世界各地的移动用户提供了与大量业务信息和通信的安全的无线连
接。电子邮件-BlackBerry 安全无线延伸移动商业用户其企业电子邮件账户，即使他们在
办公室外，也可轻松处理电邮，就像从没有离开办公桌。用户可以在旅途中发送、接收、
归档和删除邮件，并阅读电邮附件，支持格式如 Microsoft Word。

BlackBerry OS

BlackBerry OS 由 Research In Motion 为其智能手机产品 BlackBerry 开发的专用操作
系统。这一操作系统具有多任务处理能力，并支持特定的输入装置，如滚轮、轨迹球、触
摸板及触摸屏等。BlackBerry 平台最著名的莫过于它处理邮件的能力。该平台通过 MIDP
1.0 及 MIDP 2.0 的子集，在与 BlackBerry Enterprise Server 链接时，以无线的方式激活
并与 Microsoft Exchange，Lotus Domino 或 Novell GroupWise 同步邮件、任务、日程、
备忘录和联系人。该操作系统还支持 WAP 1.2。

第三方软件开发商可以利用应用程序接口 （API）及专有的 BlackBerry API 写软件。
但任何应用程序，如需使它限制使用某些功能，必须附有数码签署 （digitally signed），以
便用户能够联系到 RIM 公司的开发者的帐户。这次签署的程序能保障作者的申请，但并
不能保证它的质量或安全代码。

业务简介

BlackBerry 业务是指把用户在邮件服务器收到的邮件，通过端到端的安全链接，主动推送给专有 BlackBerry 终端的一种业务形式。用户通过 BlackBerry 业务可以随时随地使用专有终端接收、回复、转发和撰写加密电子邮件。

＊BlackBerry 无线手持设备：BlackBerry 提供了一系列以领先无线技术制造的 BlackBerry 无线手持设备。BlackBerry 手持设备使用户能够轻松访地问电子邮件和信息、而不需拨号或请求传递。BlackBerry 在收到新信息时会通知用户、用户能时刻保持与人联系。此外，还有越来越多的制造商在他们的设备和手持设备上装备了 BlackBerry 链接和功能。这些启用了 BlackBerryConnect. 和 BlackBerryBuilt-In. 的设备为组织提供了更大的灵活性、使他们能够选择最适合他们需要的硬件。

BlackBerry 功能

BlackBerry 业务具有支持多种邮件系统、多种格式附件、邮件过滤、远程清除邮件数据等基本功能。通过使用 "PUSH" 技术无线收发电子邮件，不需要新的地址，实现实时的电子邮件交流。BlackBerry 除了支持电子邮件功能外，还支持双向同步日历、会议、纪要等 PIM 同步功能、支持过期邮件自动删除及邮件查找功能、支持集中管理功能并使用 BlackBerry. net 专有的 APN。支持语音、SMS 和 WAP 功能，实现所有的无线通信要求，满足客户 "永远在线，永远链接" 的无线企业数据应用，如 ERP、SFA、CRM 等。

应用程序开发

充分利用 Java 开发技能和功能丰富的 BlackBerry API 工具集来创建用户爱不释手的应用程序。在 Java 中开发的优势在于能够为 BlackBerry 智能手机创建各种功能丰富的广泛应用程序。不论是想要发送数据、使用串流媒体或 GPS 导航，还是创建游戏或扩展企业服务，适用于 BlackBerry 平台的开发工具都能够为你提供齐全的 API 来开发强大、功能完整的应用程序。

反侵权盗版声明

电子工业出版社依法对本作品享有专有出版权。任何未经权利人书面许可，复制、销售或通过信息网络传播本作品的行为，歪曲、篡改、剽窃本作品的行为，均违反《中华人民共和国著作权法》，其行为人应承担相应的民事责任和行政责任，构成犯罪的，将被依法追究刑事责任。

为了维护市场秩序，保护权利人的合法权益，我社将依法查处和打击侵权盗版的单位和个人。欢迎社会各界人士积极举报侵权盗版行为，本社将奖励举报有功人员，并保证举报人的信息不被泄露。

举报电话：（010）88254396，（010）88258888

传　　真：（010）88254397

E-mail:　dbqq@phei.com.cn

通信地址：北京市万寿路 173 信箱

　　　　　电子工业出版社总编办公室

邮　　编：100036